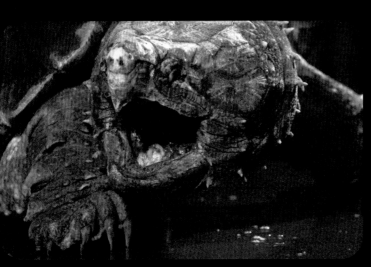

嗯～我很狂野喔！（真鱷龜）

決定性的那一刻！黑鳶碰了我的麵包！？

吞下你這條魚！
殺手芋螺

飛來一拳！
蟬形齒指蝦蛄

被電鰻電到麻的鱷魚！

撲抓長頸鹿的獅子！

自然百科
007

危險生物

|百科圖鑑|

晨星出版

何謂危險生物

地球上有許多生物，當中有些甚至危險到會攻擊人類、殺害人類。然而這些危險生物是不會無緣無故攻擊人類的。既然如此，那就讓我們來想一想生物為什麼會採取如此危險的舉動吧。

吸引異性

為了留下後代，雄性動物在繁殖季節會相爭搶奪雌性動物。這些為了爭奪對象而處於興奮狀態的生物通常會對周圍事物造成危險。

兇狠打鬥

為了生存
（填飽肚子）

肉食性動物會為了食物而獵捕其他動物。要是飢餓不已卻又捕捉不到獵物，這些為了活下去的肉食性動物極有可能會冒著生命危險攻擊人類。

驚險狩獵

保護自己和家人

即使是生性溫和的生物，一旦自己的巢穴及同伴危在旦夕，照樣會奮力攻擊敵人，以保護自己和家人。為了保護自己，不少生物甚至會分泌出對人類和敵人有害的毒。

岌岌可危!!

我曾經在動物園裡擔任過園長一職，在許多生物身旁看著牠們長大，當中有不少就是出現在這本圖鑑中的危險生物。那麼現在就讓我們來看看這些生物聲勢威猛的模樣吧。

上野動物園前園長　**小宮輝之**

3

極地的危險生物 174

沙漠的危險生物 178

身邊的危險生物 184

如何使用本書

這本書介紹了生活在世界各地的危險生物。就讓我們利用這本圖鑑來探索那些在環境嚴酷的大自然中竭力生存、充滿魅力的危險生物吧。

生活環境

這本書是按照生活環境來介紹危險生物。因此內容中會解說該種環境主要有哪些危險生物棲息。

草原•平地的危險生物

非洲大草原等草原及平地是大型哺乳動物的家。而擁有尖銳獠牙和利爪的肉食性動物獅子和獵豹是典型的危險生物。力氣強大的草食動物雖然不常攻擊人類，但要是被激怒的話一樣危險。

獅子

貓科動物中罕見成群結隊捕捉獵物的生物。通常不會攻擊人類，但若距離獅群太近，反而會讓牠們為了保護自己而發動攻擊。● 貓科 ● 2.4～3.3m，189～272kg ● 撒哈拉沙漠以南的非洲、印度西部分地區 ● 獠牙、利爪

危險生物專欄｜成群結隊

獅子通常會以2～3頭雄獅、數頭母獅及幼獅一起群居生活。雄獅差不多兩歲時會被趕出獅群，被趕離的雄獅會與其他雄群的組獅以2～3頭為單位組成「遊獵獅群」，一邊尋找加入其他獅群的機會，一邊四處遊蕩。

獵食方面通常由數隻母獅負責，並與獅群分享獵物。

群攻擊非洲水牛的雌獅

獅子會藏身伺機攻擊水牛群中的幼隻。被騙離獸群的幼隻會遭獅子狩獵，但也有雄獅因為無法組成獅群而就此喪生。

Q 獅子會在什麼情況下攻擊人類？

A 每年都有獅子襲擊人類的意外發生。在野外生活的獅子當中，那些生病體弱及年老的獅子通常會將獵食的目標放在比較容易捕捉的人類，而不是高角羚之類的動物。另外，動物園裡飼養的獅子也未必安全，因為就曾發生過飼養員被獅子襲擊殺害的憾事故。

相關資訊

● 分類…列出該物種的科名或目名。
● 體型…體長、身體總長等資訊。
● 主要棲息地…該物種主要的生活地區。
● 危險之處…該物種會帶來的危險類型，例如獠牙或毒液。

Q&A

關於危險生物的各種疑問。小宮園長會親自為大家解答。

專欄

關於所介紹之危險生物的詳細生態及特徵，知道的話會更有趣。

圖示　👊攻擊力　🧪毒性

可能會用武器或毒液傷害人類的生物都會標上圖示，並將危險程度分成三個等級。

👊　／　🧪	造成的傷害及引起的症狀大多相當輕微。
👊👊　／　🧪🧪	可能會造成嚴重的傷害及症狀。
👊👊👊　／　🧪🧪🧪	極有可能會危及生命的重大傷害及症狀。

※提及的危險程度只是一個參考。因為上述的危險程度通常會依生物本身的狀態、人類的身體狀況以及年齡有所改變，而且差異甚大。就算標上的圖示只有一個，情況也有可能會變得非常危險，千萬不要疏忽大意。

危險點！

詳細介紹了該物種和族群需要特別注意的武器、攻擊方式和技巧。

中文名

為生物冠上常用的「中文名」，例如「大虎頭蜂」。
列出的危險生物若是棲息在日本，那麼就會標上日本國旗。

草原·平地的危險生物

非洲大草原等草原及平地是大型哺乳動物的家。而擁有尖銳獠牙和利爪的肉食性動物獅子和獵豹是典型的危險生物。力氣強大的草食動物雖然不常攻擊人類，但要是被激怒的話一樣危險。

獅子

貓科動物中罕見成群結隊捕捉獵物的生物。通常不會攻擊人類，但若距離獅群太近，反而會讓牠們為了保護自己而發動攻擊。■貓科■2.4～3.3m、189～272kg ■撒哈拉沙漠以南的非洲、印度西部部分地區 ■獠牙、利爪

■分類 ■體型 ■主要棲息地 ■危險之處

成群結隊

獅子通常會以 2～3 頭雄獅、數頭母獅及幼獅一起群居生活。雄獅差不多兩歲時會被趕出獅群。被驅離的雄獅會與其他離群的雄獅以 2～3 頭為單位組成「遊蕩獅群」，一邊尋找加入其他獅群的機會，一邊四處遊蕩。

獵食方面通常由數隻雌獅負責，並與獅群分享獵物。

一群攻擊非洲水牛的雄獅

獅子會藏身伺機攻擊水牛群中的幼牛。被驅離獅群的雄獅會獨自狩獵，但也有雄獅因為無法組成獅群而就此喪生。

Q 獅子會在什麼情況下攻擊人類？

A 每年都有獅子襲擊人類的意外發生。在野外生活的獅子當中，那些生病體弱及年老的獅子通常會將獵食的目標放在比較容易捕捉的人類，而不是高角羚之類的動物。另外，動物園裡飼養的獅子也未必安全，因為就曾發生過飼養員被獅子襲擊殺害的意外事故。

黑背胡狼

以家庭為生活中心的群居動物。屬夜行性，習慣在非洲大草原等廣大地區四處遊蕩，尋找獵物。■犬科 ■68～75cm、5～10kg ■非洲 ■獠牙

花豹

環境適應能力強，從草原到森林都可看見牠們的蹤影。印度甚至還發生過花豹闖進市區襲擊人類的意外。■貓科 ■91～292cm、28～90kg ■俄羅斯遠東地區、亞洲、非洲 ■獠牙

非洲野犬

棲息在非洲的野狗。群體成員會同心協力，發揮團隊精神，追趕獵殺疣豬之類的獵物，狩獵成功率高達80%。■犬科 ■75～110cm、18～36kg ■撒哈拉沙漠以南的非洲 ■獠牙、耐力

斑鬣狗

下顎肌肉發達，牙齒堅硬到可以咬碎硬骨，晚上會成群結隊尋找獵物。對生活在當地的人而言，斑鬣狗反而比獅子可怕。■鬣狗科 ■65～114cm、45～70kg ■非洲 ■下巴力道、牙齒

平原斑馬

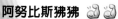

脾氣暴躁，無法與人類相處。公馬有犬齒，與其他雄性打鬥時戰況非常激烈，不是奮力撕咬，就是用後腳踢飛。■馬科 ■2.2～2.5m、175～385kg ■非洲東南部 ■牙齒、後腿

阿努比斯狒狒

在地面上生活的猴類。屬雜食性動物，有時會攻擊並吃掉年幼的湯氏瞪羚，在觀光地甚至發生奪取人類物品等問題。■猴科 ■60～76cm、14～25kg ■撒哈拉沙漠以南的非洲 ■銳利的獠牙

泡沫蚱蜢

危險迫近時會從胸口分泌毒泡來保護自己。毒性來自幼蟲時期食用一種名為馬利筋的植物。■錐頭蝗科 ■80mm ■非洲南部 ■毒泡

袋鼠擁有尖銳的爪子。

紅袋鼠 🦘🦘

體型碩大的袋鼠。全身肌肉相當發達而且強壯，可以拳打腳
踢，打倒敵人，前腳還擁有鋒利的爪子。■袋鼠科 ■85～
160cm、90kg □澳洲 ■腳、利爪

東方灰袋鼠 🦘🦘

體型與紅袋鼠不相上下的大型物種。要是不
小心靠近，牠就會撐起尾巴站起來，以強而
有力的後腿猛烈攻擊。■袋鼠科 ■1.0～
1.4m、40～90kg ■澳洲 ■腳、利爪

後腿力道相當驚人，有時一
跳可以向前邁進10公尺喔。

澳洲野犬 🐕🐕🐕

據說是古時候人類從亞洲帶來、但已經野生化的狗。曾發生孩童被澳洲野
犬叼走的意外。■犬科 ■89～92cm、10～19kg ■澳洲 ■獠牙

不慎踩到埃及眼鏡蛇的獅子

斑鬣狗聚集起來，打算
圍攻虛弱的獅子。

即使身體因為中毒
而變得遲鈍，依舊
奮力威嚇，不讓斑
鬣狗趁虛而入。

擁有劇毒的埃及眼鏡蛇。

事件概要

事件發生在非洲大草原氣候炎熱的某一天。有隻遊蕩獅子在草原上尋找獵物時，不小心踩到了埃及眼鏡蛇的尾巴。以為自己遭到攻擊的埃及眼鏡蛇立即咬住獅子的後腿並注入毒液。埃及眼鏡蛇的毒雖然不至於讓體型龐大的獅子因此喪生，但是猛烈的劇毒卻足以讓牠頭暈目眩，不僅嘴巴合不起來，口水更是流個不停。儘管身體已經癱瘓，動彈不得，被斑鬣狗層層包圍的獅子依舊拚命威嚇，試圖阻擋牠們撲飛過來。經過幾個小時的對峙，眼看獅子體內的毒液慢慢分解，斑鬣狗只好放棄，也讓獅子順利撿回一命。

●分類 ●體型 ●主要棲息地 ●危險之處

埃及眼鏡蛇的毒液
將獅子逼入絕境！！

埃及眼鏡蛇雖然不會為了吞
下獅子而攻擊，但如果讓他
們感受到威脅，那麼就會反
擊。

埃及眼鏡蛇 ⚗️⚗️⚗️

非洲體型最大的眼鏡蛇。一旦被咬，毒液
中的神經毒素就會讓身體癱瘓，肌肉無法
活動，呼吸困難，最後致死。據說埃及豔
后就是故意讓這種眼鏡蛇咬傷而自殺的。
●眼鏡蛇科 ▣1.5～2.0m ■非洲、阿拉
伯半島南部 ●毒牙（神經毒素）

Q 人類要是被眼鏡蛇咬到會怎麼樣呢？

A 人類被眼鏡蛇咬到，運氣
若是太差就會立刻喪命。
劇烈疼痛來襲之後，接著視力會
出現異常，頭暈目眩，睡意來
襲，甚至感到麻痺。接著身體會
動彈不得，最後呼吸困難，在掙
扎中慢慢失去性命。

▶人類被眼鏡蛇咬到的
手。皮膚出現腫包。

力敵萬夫的

巨大生物

! 小宮園長的提醒

龐大的身軀本身就是一項強大的武器。像是棲息在非洲大草原上的非洲象就擁有碩大的身體喔。正因為體型龐大，除了擁有武器的人類，幾乎沒有天敵。

非洲象 🐾🐾🐾

陸地上最大的動物。靠太近時會張開耳朵恐嚇對方。非洲象興奮的時候會奮力用腳踩踏敵人，甚至用鼻子將對方捲起來拋飛，非常危險。□象科 □5.4～7.5m、3.6～6.0t □撒哈拉沙漠以南的非洲 □龐大身體、鼻子、腳

□分類 □體型 ■主要棲息地 □危險之處

Q 大象和獅子哪個比較強？

A 就算是獅子，也未必能打贏非洲象喔。如同照片所示，記錄中經常出現非洲象追趕獅群的模樣。所以獅子在成群結隊獵殺非洲象時通常會避開成年的大象，只攻擊虛弱的大象及幼象。

Q 大象會攻擊人類嗎？

A 根據調查，非洲和亞洲每年約有500人因為被大象襲擊而喪生。就算有些地區與非洲象一起生活，但這畢竟是非洲象原有的棲息地，是後來的人類侵入占地，所以才會發生遭受大象襲擊的事件。

長頸鹿

長頸鹿平常個性溫和，但當危險迫近時就會反擊。這個重達1.5t的身體、奔跑時速50km，雙腿力道非常大，甚至可以將獅子踢死。◯長頸鹿科 ◯4.7～5.7m、1.2～1.5t ◯非洲西北部 ◯腿

可以殺死並吃掉山羊和豬。

Q 科摩多巨蜥的毒會很快解嗎？

A 水牛和鹿中了科摩多巨蜥的毒時並不會立刻倒下，甚至還有機會逃跑。但是這些獵物中的毒會慢慢遍布全身，過沒幾天就會喪生。這時科摩多巨蜥通常會一直尾隨在獵物後面靜觀其變，等到牠們變得虛弱時再吞噬。

▶科摩多巨蜥的牙齒。牠們會先用鋒利的牙齒咬傷獵物，之後再將毒液注入傷口中。

公長頸鹿之間的激烈競爭

公長頸鹿長大後會為了搶奪母長頸鹿而激烈戰鬥。牠們會用腳互踢、把脖子當作鞭子猛打對方來一較高下。這種打鬥方式叫做「脖擊」。把脖子當作武器攻擊對方時力道其實很大，有些長頸鹿甚至會因遭到脖擊而頸骨斷裂。

◯分類 ◯體型 ◯主要棲息地 ◯危險之處

科摩多巨蜥 🔺🔺🔺

世界體型最大的蜥蜴。牙縫之間有數條毒腺。只要將毒液注入獵物體內，就算是大水牛，照樣能夠殺死吞噬。有時會攻擊人類。■巨蜥科 ■2～3m、70～165kg ■印尼的科莫多島、林卡島等 ■毒液、獠牙、尾巴

科摩多巨蜥的
危險之處！

別看牠身體龐大，動作還挺靈敏的，而且是游泳健將，可以追捕逃入海中的獵物，非常危險。過去曾發生過多起人類遭到襲擊致死的意外。

牠們可以扭動長尾游泳。

科摩多巨蜥的祕密

Q 牠們站起來
要做什麼？

A 公蜥蜴在5月至8月的繁殖季節會為了搶奪母
蜥蜴及領域而互相爭鬥，人們將這樣的打鬥取
名為「戰鬥舞蹈」。牠們會用後腿站立，互相撞擊身
體來一決勝負。獲勝的公蜥蜴可以與母蜥蜴交配。

互相撞擊的
龐然大物！

伸長脖子、筆直站
立的公蜥蜴。

20

電腦斷層掃描(CT)後經過數位化處理的科摩多巨蜥皮膚。皮內成骨塗成橘色後，讓紋路看起來更清楚。

像鎖子甲一樣的鎧骨！

Q 蜥蜴的皮膚下面是什麼？

A 許多蜥蜴類生物的皮膚下面都有一層骨頭，叫做「皮內成骨」。科摩多巨蜥也有皮內成骨，而且整層細骨（橙色部分）和上圖一樣，宛如一層盔甲將身體覆蓋起來。蜥蜴年幼時沒有皮內成骨，要到成年才會出現。科摩多巨蜥長大後有時會攻擊並吃掉其他科摩多巨蜥，因此人們認為這層皮內成骨可以保護自己，發揮免受其他個體攻擊的作用。

▶啃食同類腿部的科摩多巨蜥。同類相殘的情況常見於成年科摩多巨蜥之間，而且是吃掉年輕個體。

▲幼年的科摩多巨蜥有時會是成年科摩多巨蜥的獵物。或許是這個原因，幼年蜥蜴長大之前都會在成年蜥蜴無法攀爬的樹上生活。

迫近！龐然大物 衝啊

非洲水牛 👣👣👣

角和頭盔一樣堅硬，能以驚人的速度衝向敵人。就連獅子也無法承受這種攻擊。■牛科 □2.1～3.0m、500～900kg □非洲 ■角

有時成群移動的數量會多達千頭。興奮時格外危險。

▼當一群水牛靠近時，就算是強壯的獅子，也會無助地被踩死。

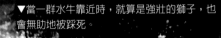

踩扁獅子！水牛的逆襲

Q 水牛為什麼要成群結隊地跑？

A 草食性動物不管有多強壯，一旦被獅子或斑鬣狗咬住就會屍骨無存。只要有一頭落單，就會非常容易成為肉食性動物的目標，所以牠們才會群體行動。但也有人認為水牛群體遷移的目的是為了尋求水源和足以當作糧食的草。

美洲野牛 🐾🐾
美洲野牛是美國和加拿大國家公園中最危險的動物，曾有人類因牠而喪生。牠們要是被激怒就會發動攻擊，要小心。●牛科 ●2.1～3.8m、318～900kg ●非洲、加拿大西部 ●以頭撞擊

牠們身體雖然龐大，卻能以超過60km的時速奔跑。

斑紋牛羚

群居生活的動物，有時數量可達
100萬頭。公牛與母牛的頭上都有
一對大角，可以用來對抗獵豹等敵
人。●牛科 ■1.7～2.4m、140～
290kg ●非洲東部～南非 ●角

Q 長角是為了什麼？

A 草食性動物的角及獠牙具有保護自己免受敵人
攻擊的作用。除此之外，在與其他草食性動物
爭奪勢力範圍，或者是公牛之間為了搶奪母牛時都能
派上用場。

▶有時牠們會對
獵豹反擊，加以
追趕。

黑犀牛

體型比白犀牛略小。興奮時不僅會暴衝，還會用
角頂起敵人，將其拋向遠處。●犀科 ■3.0～
3.8m、0.8～1.4t ●非洲 ●龐大身軀、角

●分類 ●體型 ●主要棲息地 ●危險之處

白犀牛和非洲象為了爭奪領域而互相撞擊。

遭到非法狩獵的犀牛

許多犀牛因為犀牛角而被殺。一些亞洲國家認為犀牛角可以治療發燒和癌症，加上交易價格昂貴，因此非法捕捉犀牛以割取犀牛角的行為日益猖狂，儼然已經成為一個大問題。

白犀牛

龐大身軀僅次於大象的陸生哺乳動物。要是太過靠近或者是阻擋牠們的路就會暴衝，用犀牛角頂起敵人，拋向遠處，所以興奮的白犀牛格外危險。■犀科 ■3.4～4.2m、1.4～3.6t ■非洲 ■龐大身軀、犀牛角

狂奔

！ 小宮園長的提醒

有些生物會為了捕捉獵物或逃避狩獵而以極快的速度奔跑，且速度比在一般道路上行駛的車輛還快，撞到的話搞不好會翻車喔。

最高時速

80 km

跳羚 🐾
天敵是獵豹、花豹和獅子。但除非措手不及，否則牠們可以用自傲的速度和飛快的步伐躲避攻擊。對人類沒有危險。□牛科 ■150cm、40kg ●非洲南部 □速度

最高時速

70 km

鴕鳥 🐾
不會攻擊其他動物，但要是感受到威脅，就會用力踢踹反擊，而且力道大到足以把獅子踢死。□鴕鳥科 ■1.7～2.7m、150kg ●非洲 □爪子、踢踹

□分類 ●體型 ■主要棲息地 □危險之處

最高時速 110 km

獵豹

動物中奔跑速度最快的獵人，時速可達110km。雖然不會攻擊人類，卻曾發生過馴養的獵豹傷害人類的意外。■貓科 ■1.2～1.5m、20～70kg ■非洲、伊朗北部 □爪子、獠牙

才剛跑就能在數秒內達到最大速度，而且還可以突然減速或改變方向喔。

Q 草原上跑得快的生物多嗎？

A 只要是在沒有什麼建築物或樹木等障礙物的草原上，無論是逃跑還是追趕，都要跑得快才有利。或許是這個原因，許多生物都擁有快速奔跑的身體機制，像是跑得比獅子還快、但卻沒有辦法在空中飛的鴕鳥，或者是地球上奔跑速度最快的獵豹。

叉角羚（美國羚羊）

只要一發現敵人，就會豎起臀部的白色毛髮，警告同伴快逃跑。就算遇到天敵郊狼（或稱草原狼），也不容易被抓。□叉角羚科 ■1.4～1.7m、35～70kg ■北美 □速度

最高時速 90 km

叉角羚還具有長距離奔跑的耐力，能以時速40km的速度奔跑數公里。

逆襲

草原・平地的危險生物

體型比肉食性動物和大型草食性動物小的生物未必會吃虧喔！不管是厚實的皮膚、惡臭的液體還是尖銳的鬃毛……他們都會千方百計加以反擊，讓撲擊而來的敵人陷於危險之中。

蜜獾 🐾

脾氣暴躁，有時會反擊，追趕襲向自己的獅子。皮膚相當厚實，就連豪豬尖銳的鬃毛（第29頁）也無法刺穿。■鼬科 ●80cm、9～12kg ■非洲、中東、印度 ■脾氣、厚皮

臭鼬 ⚗️

只要敵人一靠近，肛門旁的部位就會噴灑惡臭體液來保護自己。據說那股臭味可遠傳2km。■臭鼬科 ●57.5～80.0cm、1.2～5.3kg ■北美～中美洲北部 ●惡臭液體

分泌的體液味道非常濃烈，讓許多動物都不得不避開臭鼬，所以他們幾乎沒有天敵。

非洲冕豪豬 🐾

只要一遇到敵人就會豎起背部尖銳的鬃毛，一邊跺腳一邊恐嚇對方。敵人要是不退縮，就會向後暴衝，用尖銳的鬃毛刺向對方。■豪豬科 ■71〜84cm、18〜30kg ■東非及北非沿海地區 ■鬃毛

▲平常會有一層長毛覆蓋鬃毛。

北美豪豬 🐾

通常會在地上或樹上生活。只要敵人一靠近，雙腳就會夾住頭，轉身用鬃毛保護自己。■豪豬科 ■60〜90cm、5〜14kg ■北美 ■鬃毛

乍看之下非常相似，但其實不同種

名為「豪豬」的生物當中，有的生活在亞洲和非洲的地面上，有的生活在南北美洲的樹上。這些豪豬看起來非常相似，但其實是完全不同的生物，可分為「豪豬科」和「美洲豪豬科」這兩類。兩種豪豬都有銳利的鬃毛，非常危險。像美洲就曾經發生過家犬因為攻擊美洲豪豬而受傷的意外。

◀亞洲〜非洲的豪豬鬃毛比美洲豪豬還要來的粗硬。花豹、鬣狗和獅子的嘴巴要是被這個堅硬的鬃毛給刺傷，非但不能進食，嚴重時還會致死。

▲美洲豪豬鬃毛造成的傷口有時會導致死亡。

▶美洲豪豬的鬃毛短，表面有倒刺，不易拔出。只要刺進敵人的身體，鬃毛就會因為體溫膨脹而整個深入體內，情況嚴重時甚至會導致重傷。

獅子 vs. 老虎

人稱「百獸之王」的獅子是一群稱霸平原的狩獵集團。牠們會組成獅群，獵殺非洲水牛等強敵。被稱為「叢林之王」的老虎是統治森林的孤獨獵手，有時甚至可以嚇阻棕熊。大家猜猜這兩個平時王不見王的生物面對面時，會發生什麼事。

⚠ 這一頁模擬了野外難得一見的危險生物對抗賽。對決的結果只是一個可能性，並非絕對。

獅子

除了人類，堪稱獅子天敵的就只有其他獅子了。雄獅長大後會離開牠們出生長大的獅群，加入其他雄獅組成的獅群一起旅行。加入獅群的雄獅往往會與同伴激烈戰鬥，有時甚至會因此喪命。而且就算加入獅群，也要不斷地與其他雄獅打鬥，這樣才能守護自己的獅群。

歷經百戰的獅拳

體型嬌小的獵物用前爪就能一拳打死，大型獵物的話就狠狠咬住脖子，讓對方窒息至死。即使是雄獅之間的戰鬥，照樣會施展獅拳或狠咬等招數猛烈攻擊對方。有時會是一場你死我活的博命戰。

老虎

老虎的勢力範圍非常廣泛，通常獨自生活。以捕捉鳥類、魚類、小動物和大型哺乳動物為食，是個非常兇猛的獵人，有時甚至會攻擊並吃掉年輕的棕熊。牠們會四處漫遊，找尋獵物。一旦鎖定目標，就會慢慢靠近，從樹叢中跳出來咬住獵物的脖子，讓牠窒息至死。

貓科動物中最強的獠牙

老虎的前爪一揮，就能折斷水牛的脖子。用來咬住獵物的獠牙力道更是高達150公斤，是貓科動物中頂尖強者。出色的跳躍力還可以直接撲向騎在亞洲象上的人類。

老虎 3.1m ↑ 大小 ↓ **獅子 2.8m**

老虎 248kg ↑ 重量 ↓ **獅子 230kg**

危險生物要是打起來……？

總評 展現鬥志的百獸之王

獅子和老虎誰比較強？這是個從以前到現在就一直讓人相當好奇的問題。古羅馬人曾經讓獅子與老虎上競技場戰鬥。就連現在的動物園也會傳出兩者突然對打的突發事件。無論是競技場還是動物園，都有獅殺虎、虎殺獅的記錄，兩者實力幾乎勢均力敵，在這種情況下，應該會是體型碩大的那一方較占優勢吧。但如果都是體格相同的雄性，那麼獲勝的即有可能是獅子，因為老虎沒有可以保護脖子的鬃毛。另外，雄獅早已習慣在群體中博命打鬥，所以與老虎對打只不過是把對象換成體格相同的貓科動物罷了。只要善用脖子上的鬃毛及日常的戰鬥經驗，獅子搞不好可以把老

蛇類

西部菱背響尾蛇

危險迫近時會搖動尾巴上的發聲器，出聲嚇阻對方。攻擊性非常強，擁有劇毒。■蝰蛇科 ■1.8～2.1m ■美國西南部～墨西哥北部 ■毒牙（出血性毒）

蛇的特徵① 　　劇毒

蛇毒的成分因種類而異。眼鏡蛇科的蛇毒屬於讓身體麻痺的「神經毒素」，只要獵物被咬傷，心臟及呼吸就會停止。蝰蛇科的蛇毒屬於傷口無法止血的「出血性毒」，獵物會因為出血過多而致死。人類被蛇咬傷時，毒量若是過多就會死亡，即便少量，傷口也會腐爛。

■分類 ■體型 ■主要棲息地 ■危險之處

毒液會瞄準敵人噴射。

將毒藥注入敵人的眼中！

莫三比克射毒眼鏡蛇 ⚗️⚗️
一旦察覺到危險，就會從毒牙噴出毒液，加以對抗，而且毒液的噴灑距離超過2m，能夠射中瞄準的地方。■眼鏡蛇科 ■1.0～1.5m ■非洲東部～南部 ■毒牙（神經毒素）、噴射的毒液

▲以背部的眼鏡圖案為特色。

印度眼鏡蛇 ⚗️⚗️⚗️
會張開肋骨，以恐嚇的方式舞動脖子。在印度因亦棲息在人煙稠密處附近，使得人類被其咬傷的事故層出不窮。不過現在有血清可以治療，所以被咬而喪生的人已經不多了。■眼鏡蛇科 ■1.1～2.0m ■印度、斯里蘭卡 ■毒牙（神經毒素）

黃金眼鏡蛇 ⚗️⚗️⚗️
是非洲眼鏡蛇中最危險的蛇類。主要棲息在非洲大草原和沙漠之中，但在人類居住地的附近也會看到牠們的蹤影。■眼鏡蛇科 ■1.5～1.7m ■非洲南部 ■毒牙（神經毒素）

▲被咬的地方變成一個洞。

中亞眼鏡蛇 ⚗️⚗️⚗️
棲息於裏海附近的眼鏡蛇，擁有劇毒，以鳥類和小型哺乳動物為食，不過現在恐怕已經瀕臨滅絕了。■眼鏡蛇科 ■1.0～1.9m ■中亞 ■毒牙（神經毒素）

利用毒液躲避危機的射毒眼鏡蛇

不僅是狐獴大小的生物，
只要遇到敵人，就會噴
出毒液，加以抵抗。

射毒眼鏡蛇（唾蛇）🧪🧪

和莫三比克射毒眼鏡蛇一樣，只要一察覺到危
險，毒牙就會噴出毒液，加以抵抗，甚至還會裝
死，欺騙敵人，趁機逃跑。□眼鏡蛇科 ■90～
110cm ■非洲東部～南部 □毒牙（神經毒
素）、噴射的毒液

**Q 射毒眼鏡蛇
從哪裡噴出毒液呢？**

A 一般毒蛇的毒牙頂端有一個孔，可以注射毒
液，不過射毒眼鏡蛇的毒牙正面有一個噴口，
所以可以朝前方噴射毒
液。

事件概要

射毒眼鏡蛇和往常一樣在找尋蟾蜍當作主食
時，突然遇到一群狐獴。狐獴對蛇非常警
惕，只要有蛇出現在棲息地附近，牠們可能會成群結
隊攻擊蛇隻，甚至吃掉。雖然小狐獴非常容易成為射
毒眼鏡蛇的獵物，但是成年的狐獴對牠們來說卻是相
當危險的敵人。被狐獴層層包圍的射毒眼鏡蛇不斷地
噴出毒液，試著驅逐，但是動作敏捷的狐獴就是有辦
法閃躲。不過在狐獴躲避毒液時，射毒眼鏡蛇反而有
機可趁，順利逃脫。

●分類 ●體型 ●主要棲息地 ●危險之處

用毒液對抗
成群的狐獴！！！

狐獴
狐獴會和家人一起生活在沙漠和荒地。主要
的食物是昆蟲、蜥蜴和蠍子，偶爾獵捕蛇
隻。●獴科 ○25～35cm □非洲南部 ●獠
牙、爪子

以敏捷動作及團隊精神狩獵
的狐獴可以避開毒液和攻擊，
搞不好還可以吃掉毒蛇呢。

Q 毒液進入
人眼會怎樣？

A 如果射毒眼鏡蛇或莫三比克射毒眼鏡蛇的毒液
跑到眼睛去，恐怕會感到一股劇痛。要是因為
過度疼痛而去揉或抓的話，眼睛有可能會因為黏膜損
傷而引起失明等後遺症。若是被咬中毒，極有可能像
被其他眼鏡蛇咬到一樣喪生。

虎蛇 ⚗⚗⚗

澳洲最可怕的毒蛇之一。被蛇咬傷後若未接受治療，死亡率可能高達50%。雖然生性溫和，但是受到刺激時還是會攻擊，非常危險。■眼鏡蛇科 ■1.0〜2.4m ■澳洲南部、塔斯馬尼亞島 ■毒牙(神經毒素)

南棘蛇（死亡蛇）⚗⚗⚗

澳洲最可怕的毒蛇之一。粗短的身體及鎖鍊圖案與蝮蛇科蛇類非常相似，但其實是眼鏡蛇的同類。■眼鏡蛇科 ■70〜100cm ■澳洲 ■毒牙(神經毒素)

黑曼巴蛇 ⚗⚗⚗

世界上毒性最強的蛇類之一，在棲息地非洲是令人害怕的蛇。以敏捷的動作聞名。■眼鏡蛇科 ■2.5〜4.3m ■非洲東部〜南部以及部分西部地區 ■毒牙(神經毒素)、敏捷的動作

細鱗太攀蛇 ⚗⚗⚗ （內陸太攀蛇）

世界毒性最強的蛇類之一。毒性是日本蝮蛇的800倍。不過現在有血清可以治療，所以因為咬傷而喪命的人非常少。■眼鏡蛇科 ■2.4m ■澳洲 ■毒牙(神經毒素)

德州珊瑚蛇 ⚗⚗⚗

毒性很強，但嘴巴小，很少聽到人類被咬。顏色華麗，具有警告大家帶有毒性的效果。■眼鏡蛇科 ■50〜130cm ■北美東南部 ■毒牙(神經毒素)

東部棕蛇 ⚗⚗⚗

毒性僅次於細鱗太攀蛇的危險蛇類。當敵人接近時脖子就會彎成S形，迅速跳起來攻擊。■眼鏡蛇科 ■1.2〜1.8m ■澳洲、巴布亞新幾內亞、印尼 ■毒牙(神經毒素)

印度雨傘節 ⚗⚗⚗

帶有特殊神經毒素的蛇。被咬雖然不會痛，但是毒液中的神經毒素卻會讓身體癱瘓，呼吸困難致死。即使有疫苗，死亡率依舊高達50%。■眼鏡蛇科 ■1.2〜1.8m ■印度 ■毒牙(神經毒素)

日本華珊瑚蛇 ⊙ 🜂 🜂

棲息於日本的眼鏡蛇。有劇毒，但嘴巴太小無法咬人，因此無害。其日文「Hyan」在奄美大島的方言中意指「陽光」。傳說這種蛇若是出來就會陽光普照，因而以此為名。◯眼鏡蛇科 ■30～60cm ■奄美大島、加計呂麻島 ■毒牙（神經毒素）

日本華珊瑚蛇沖繩亞種 ⊙ 🜂 🜂

日本華珊瑚蛇的亞種蛇類。屬於眼鏡蛇，擁有劇毒，但是生性溫和，對人類幾乎無害。要是被捕捉，就會用尖銳的尾巴反刺攻擊。■眼鏡蛇科 ■30～60cm ■德之島、沖繩島 ■毒牙（神經毒素）

長吻海蛇 ⊙ 🜂 🜂 🜂

（黑背海蛇）

只在海中生活的蛇類，在陸地不易活動。在海蛇中毒性特別強，具有攻擊性，要小心。■眼鏡蛇科 ■60～120cm ■印度洋～太平洋 ■毒牙（神經毒素）

黃唇青斑海蛇（藍灰扁尾海蛇）⊙ 🜂 🜂 🜂

擁有強烈的神經毒素，但除非被激怒，否則不會咬人。白天有時會出現在海岸附近的陸地上。■眼鏡蛇科 ■80～150cm ■琉球群島／東印度洋、西太平洋 ■毒牙（神經毒素）

危險生物專欄 **毒性是黃綠龜殼花的20倍**

大多數的海蛇個性都非常溫順，幾乎不會咬人，加上嘴巴小，所以很少被咬甚至注射毒液。不過這種蛇毒性非常強，對人類來說依舊非常危險。在日本最需要注意的就是闊帶青斑海蛇，因為牠的毒性是黃綠龜殼花的20倍，甚至有報告指出被咬之後的死亡率超過60%。

闊帶青斑海蛇 ⊡ 🜂 🜂 🜂

（半環扁尾海蛇）

主要在夜間活動。毒性比黃綠龜殼花及日本蝮蛇來的劇烈，但是生性溫順，鮮少咬人。■眼鏡蛇科 ■70～150cm ■琉球群島／臺灣、澳洲北部 ■毒牙（神經毒素）

加彭膨蝰 🧪🧪🧪

毒性在蛇類中數一數二、擁有巨大毒牙的毒蛇。身體顏色彷彿枯葉，通常會躲在落葉裡埋伏，等待獵物經過。●蝰蛇科　●1.6～2.1m　●非洲西部～東南部　●毒牙（出血性毒）

美洲矛頭蝮 🧪🧪

棲息在熱帶雨林、熱帶草原及農田中的毒蛇。屬夜行性，擁有劇烈的出血毒，要是被咬，傷口會血流不止。●蝰蛇科　●80～160cm　●巴西、阿根廷、巴拉圭　●毒牙（出血性毒）

南美巨蝮 🧪🧪🧪

蝰蛇中體型最大的蛇，主要棲息在亞馬遜叢林中。性情溫和，但毒量多，被咬恐怕會有生命危險。●蝰蛇科　●1.6～3.6m　●南美洲（亞馬遜河流域）　●毒牙（出血性毒）

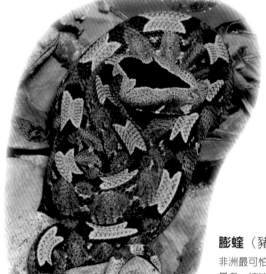

犀嚇蝰 🧪🧪

身體顏色非常鮮豔，可以躲在森林的落葉中。鼻尖上有個宛如犀牛角的突起物。●蝰蛇科　●90～120cm　●非洲西部～中部　●毒牙（出血性毒）

膨蝰（豬鼻蛇）🧪🧪

非洲最可怕的毒蛇之一。毒量多，被咬會血流不止，甚至傷口潰爛。以粗大的身體為特徵。●蝰蛇科　●1.0～1.9m　●非洲、阿拉伯半島南部　●毒牙（出血性毒）

鋸鱗蝰 🔺🔺🔺

發出警戒時會扭動身體，摩擦鱗片，發出類似鋸切的聲音。具有攻擊性，經常發生咬傷事故。●蝰蛇科 ●30～80cm ●印度、斯里蘭卡 ●毒牙(出血性毒)

粗鱗矛頭蝮（三色矛頭蝮）🔺🔺🔺

具有強烈的出血性毒、非常危險的蛇類。曾在住家附近的農園出沒，具有攻擊性，經常發生咬傷事故。要是被咬，傷口會腐爛。●蝰蛇科 ●1.2～2.5m ●中南美 ●毒牙(出血性毒)

山蝰 🔺🔺🔺

亦棲息於住家附近，因此經常發生咬傷事故，是印度及斯里蘭卡最令人畏懼的蛇類。學名*Daboia russelii*的「*russelii*」是爬蟲學家Patrick Russell的名字。●蝰蛇科 ●1.0～1.9m ●印度、巴基斯坦、斯里蘭卡、尼泊爾 ●毒牙(出血性毒)

莫哈韋綠色響尾蛇 🔺🔺🔺

主要生活在沙漠、同時擁有出血性毒和神經毒性的響尾蛇。●蝰蛇科 ●70～137cm ●美國西南部～中美洲 ●毒牙(出血性毒、神經毒素)

危險生物專欄　毒蛇激戰區 印度兇惡的四大毒蛇

全世界每年有十萬人死於毒蛇咬傷，當中有一半是印度的毒蛇造成。印度擁有劇毒的蛇類經常棲息在住家附近，所以被毒蛇咬傷而喪生的事故層出不窮。當中的山蝰、印度眼鏡蛇、鋸鱗蝰和印度雨傘節更是被稱為「四巨頭」，頻頻引發事故，往往令人聞之色變。

百步蛇 ♨♨

傳說被咬之後會在百步以內喪生，所以才會以此為名，是種擁有強烈劇毒、極為危險的蛇類。●蝰蛇科 ●1.2～1.6m ●臺灣、中國華南地區、越南北部 ●毒牙（出血性毒）

黃綠龜殼花 ⊙♨♨♨

在日本，是棲息於陸地蛇類中毒性格外強烈的一種。亦在住家附近活動，每年都會發生人類被其咬傷的事故。屬於夜行性動物，經常攀爬上樹。●蝰蛇科 ●1.2～2.4m ●奄美群島、沖繩群島 ●毒牙（出血性毒）

瓦氏蝮蛇 ♨♨

棲息於熱帶雨林，生活在樹上的蛇類。毒性不強，但是被咬卻會疼痛不已。身體顏色因地區而異。●蝰蛇科 ●75～100cm ●東南亞 ●毒牙（出血性毒）

可以感受到熱源的「頰窩」

部分蛇類的眼睛和鼻子間有個器官叫做「頰窩」，可偵測到動物身上發出的熱源。所以就算身在暗處，蛇類照樣能夠利用這個器官得知獵物所在之處，捕捉獵殺。

▲與其他蛇類相比，西部菱背響尾蛇的頰窩感熱能力相當敏銳。

日本蝮蛇 ⊙♨♨♨

棲息於北海道至九州之間、毒性非常強烈的蛇類。不會主動攻擊，但要是不小心踩到牠們，或者是不知不覺太過靠近就有可能被咬。●蝰蛇科 ●45～70cm ●北海道～九州 ●毒牙（出血性毒）

赤煉蛇

有兩種毒液，一種從牙齒內側分泌，另一種從脖子分泌。原則上不危險，被咬時除非傷口很深，否則毒牙應該是不會造成傷害。話雖如此，牠的毒性其實比日本蝮蛇及黃綠龜殼花還要強烈，有時甚至會致命。■黃頷蛇科 ■70～150cm ■本州、四國、九州／東亞 ■毒牙(出血性毒)、從脖子分泌的毒

非洲樹蛇

生活在樹上，主要捕食變色龍。毒性非常強，被咬可能會致命。■黃頷蛇科 ■1.4～2.0m ■非洲 ■毒牙(出血性毒)

日本錦蛇

日本最為熟悉的蛇類，一般在市區也會看到牠們的蹤影。無毒，但被咬的話傷口可能會化膿。■黃頷蛇科 ■1.1～2.0m ■北海道～九州 ■毒牙

琉球紅斑蛇

主要捕食蛇類及蜥蜴，偶爾會吞噬有劇毒的黃綠龜殼花。生性非常暴躁，動不動就會反咬對方一口。■黃頷蛇科 ■1～2m ■奄美群島、沖繩群島 ■毒牙

蛇的喉嚨不會噎住

蛇有時會吞食體型比自己還要大的獵物，但是牠們為什麼不會噎住呢？那是因為牠們的嘴巴裡有一個洞可以吸入空氣，這樣喉嚨就不會因為塞滿獵物而無法呼吸了。

◀從正在吞蛋的日本錦蛇嘴裡可以看到一個用來呼吸的孔洞。

鳥藤蛇

身體細長，擅長爬樹。會攻擊變色龍，加以吞噬。尚未開發出血清，若是被咬，極有可能會喪命。■黃頷蛇科 ■1.0～1.7m ■撒哈拉沙漠以南的非洲 ■毒牙(出血性毒)

黃環林蛇（紅樹林蛇、貓眼蛇）

住在紅樹林裡，會爬樹吃鳥的蛇類。相當具有攻擊性，但毒性弱，不會致死。■黃頷蛇科 ■2.0～2.6m ■東南亞 ■毒牙(神經毒素)

網紋蟒（霸王蟒）的
危險之處！
體型若是變大，就會非常危險。目前已經確認有人類因牠而死亡。像是日本在2012年就曾發生過一名男子在某家寵物店的養殖場遭到一條全長6.5m的網紋蟒襲擊致死。

紅尾蚺
不管是熱帶雨林還是農田，各種環境都能見到蹤影的蛇類。會緊緊抓住大型獵物，以強力擠壓的方式將其勒死。■蚺科　□3.0～4.3m　□墨西哥南部～阿根廷北部　■勒死

網紋蟒（霸王蟒）🐾🐾🐾

是世界上最長的蛇，長度超過10m。屬夜行性動物，會悄悄靠近熟睡的野豬和猴子，纏繞勒死。■蟒科 □6.5～10.0m □東南亞 ■勒死

蛇的特徵② 勒死的力量

蚺科和蟒科蛇類沒有毒，但是卻能憑藉著龐大的身軀和強大的力量獵食小型生物，甚至將大型哺乳動物緊緊纏繞之後整個吞下肚。緊緊纏繞的蛇隻在施力擠壓時，力道會隨著獵物呼吸逐漸增強，最後讓獵物因為無法呼吸而窒息。

印度蟒 🐾🐾🐾

主要生活在水邊，以鹿、蜥蜴和鳥類為食。有人當作寵物來飼養，但也曾發生過飼主被勒死的事件。■蟒科 ■3.0～9.2m ■東南亞 ■勒死

非洲岩蟒 🐾🐾🐾

非洲體型最大的蛇類。通常會躲在水中，伺機吞下高角羚等巨大獵物。無毒，但極具攻擊性。■蟒科 ■6～7m ■非洲 ■勒死

史上最強生物

自從生命在地球誕生以來，就出現了許多生物，例如魚類、爬蟲類、恐龍以及哺乳類。接下來就讓我們回到 5 億多年前的寒武紀，看看各個時代統治地球的最強生物吧。

武裝節肋馬陸

外觀像是現代的馬陸，而且長達2m，這樣的大小在當時應該是毫無天敵吧。□最長2m □美國、蘇格蘭 ●龐大身軀

寒武紀大爆發

寒武紀突然出現了各種形態的生物，這種爆炸性的演化稱為「寒武紀大爆發」。一般相信今日所有生物的祖先都是在這個時代誕生的。

加拿大奇蝦

是寒武紀海域最強壯的生物，能用兩條大觸手捕捉所有獵物。●60～80cm ■中國、北美、澳洲南部 ●觸手

巨型節肢動物統治森林！

這個時代的陸地植物豐富，昆蟲、蜈蚣等節肢動物繁衍興盛。體型比當今節肢動物大許多倍的昆蟲統治著這片土地。

寒武紀	奧陶紀	志留紀	泥盆紀	石炭紀	二疊紀
5 億 4100 萬年前	4 億 8540 萬年前	4 億 4380 萬年前	4 億 1920 萬億年前	3 億 5890 萬年前	2 億 9890 萬年前

魚在海裡大暴走！

泥盆紀被稱為「魚類時代」，是許多魚類繁榮興盛的時期。當中還出現了擁有強壯下顎、力氣龐大的大型魚。

稱霸世界的似哺乳爬蟲類！

爬蟲類在二疊紀開始繁盛。此外還出現了和哺乳類一樣擁有體毛的「似哺乳爬蟲類」，而且還是強大的掠食者。

泰瑞爾鄧氏盾皮魚

強而有力的下顎有著宛如刀片的硬骨，代替了牙齒，在當時可以啃噬鯊魚及其他魚類。□8～10m □摩洛哥 ●刀狀牙骨

麗齒獸

麗齒獸是當時體型最大的掠食者，能用長達10cm的銳利獠牙攻擊獵物。□3m □南部非洲 ●獠牙

□體型 □化石主要發現地 ●危險之處

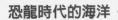

恐龍時代的海洋

當恐龍統治陸地時，名為魚龍及蛇頸龍等海洋爬蟲類則是統治著海洋。在三疊紀出現的海洋爬蟲類曾經在全世界的海洋中繁衍興盛，一直到白堊紀才滅絕。

▲魚龍是魚龍目的一員。體長約2m，擅長游泳。

▶蛇頸龍是蛇頸龍目的一員。體長5m，能用四個鰭狀肢游動，以獵捕魚類等生物為食。

暴龍

史上體型最大的肉食性恐龍。下顎有8t的咬合力，能將獵物連同骨頭一起咬碎。□12～13m ■加拿大、美國 ●牙齒

異特龍

侏羅紀時期典型的肉食性恐龍。以適合咀嚼肉類的牙齒和爪子為武器，加上敏捷的動作來攻擊獵物。■8～12m □坦尚尼亞、美國 ●牙齒、爪子

恐龍時代的到來

似哺乳爬行動物在三疊紀消失之後，取而代之的是恐龍。而侏羅紀時期更是出現了許多種類的恐龍，而且體型越來越龐大，越來越繁盛。從侏羅紀到白堊紀，恐龍在地面上的統治時間長達1億年。

恐龍王國的最後一位統治者！

白堊紀末期，最大的肉食性恐龍「暴龍」隆重登場。但是恐龍卻在6600萬年前整個滅絕，為這段長達1億多年的恐龍時代劃下句點。而在侏羅紀和白堊紀時期體型原本偏小的哺乳動物之後慢慢變得龐大。

三疊紀	侏羅紀	白堊紀	古近紀	新近紀	第四紀
2億5190萬年前	2億130萬年前	1億4500萬年前	6600萬年前	2303萬年前	258萬年前

有史以來攻擊恐龍、體型最大的鱷魚！

哺乳類和爬蟲類動物也生活在恐龍統治的土地上，但大多數都會成為恐龍的獵物。不過似乎有鱷魚足以與恐龍抗衡。

體型最壯碩的哺乳類動物！

白堊紀之後，大型哺乳類動物相繼出現。到了第四紀時熊類和虎類現身，成為強大的掠食者。

恐鱷

有史以來體型最大的鱷魚之一，全長超過10m。一般認為是現代鱷魚的祖先。恐龍在當時是牠們的獵物。□超過10m □北美 ●牙齒

短面熊（熊齒獸）

是史上體型最大的熊，後腿站立時可高達4m，體重可超過1t。手腳長，奔跑速度快。從其本身擁有的速度和力量來看，應該是當時最強大的獵人。□4m □北美 ●爪子

森林的危險生物

樹木蔥鬱的森林不僅食物多，還有不少藏身之處。因此不管是大型哺乳類動物還是小型昆蟲，甚至是蕈菇等菌類，各種危險的生物通通都聚集在森林中生活。

猴子會吃同類嗎？

黑猩猩主要以水果為食。另一方面，年輕的雄猩猩則是會聚在一起獵捕普氏紅疣猴等小型猴子為食。牠們個性非常兇暴，有時甚至會攻殺其他群居的黑猩猩以保護自己的勢力範圍。

※ 照片中的黑猩猩正在啃食年幼山野豬。

黑猩猩首領有時會打死群居的同伴，不過這種情況非常罕見。

草梗可以當作工具來使用。例如插入白蟻窩中釣起咬在上面的白蟻。

黑猩猩 🐾🐾🐾
以高智商聞名，而且大型雄猩猩的攻擊性非常強。一般印象以水果為食，但也經常吃肉。■人科 ■63.5～92.5cm、26～70kg ■中非 ■獠牙、下顎、力氣、智力

■分類 ■體型 ■主要棲息地 ■危險之處

Q 黑猩猩是危險生物嗎？

A 我們常在動物園和電視上看到黑猩猩，都知道牠們是一種智商相當高的動物，但實際上黑猩猩也是一種危險生物。牠們不僅力氣大，個性還非常兇猛，所以才會經常發生人類遭襲重傷或喪生的意外，就連資深的飼養員也未必能逃過一劫。

黑猩猩的 危險之處！ 要小心牠們銳利的獠牙以及有力的下顎，因為曾經發生過某位飼育課長將手指放在黑猩猩嘴裡打招呼時，不慎被黑猩猩咬斷的意外。

駝鹿 🐾

在鹿科中體型最大的生物。雄鹿擁有一對巨大的角，左右寬度加起來可達2m。帶著幼鹿的雌鹿非常危險，只要敵人一靠近，牠們就會用前腳踩踏攻擊。 ●鹿科 ■2.3～3.1m、270～600kg ●北美歐亞大陸北部 ●角、腳

Q 有生物會以體型比自己大的生物為獵物嗎？

A 貂熊是生活在北半球森林中的鼬鼠類生物。體型雖小，卻以兇猛而聞名。牠們可以咬住陷入深雪中的駝鹿脖子，將其擊倒。一隻駝鹿重約600kg，貂熊約30kg。如此嬌小的牠們將一隻體重將近20倍的駝鹿當作獵物來捕食可是不成問題的喔。

貂熊（狼獾） 🐾🐾

身體雖小，但是下顎相當有力。攻擊性強，可以獵殺體型比牠們大好幾倍的馴鹿。 ●鼬科 ■65～105cm、9～30kg ●北美、歐亞大陸北部 ●下顎、爪子

以《西頓動物記》而聞名的博物學家西頓（Ernest Thompson Seton）曾經將貂熊描述成是「一種連熊都畏懼三分的惡魔動物」。

連獠牙也咬不破的堅硬皮膚

正值繁殖時期的公山豬脂肪層會變得和盔甲一樣堅硬，而且還會散發出一股獨特的氣味。這個時期的公山豬會為了爭奪母山豬而互相用鋒利的獠牙打鬥。不過牠們的肩膀和脖子這兩處皮膚堅硬無比，就算對方用獠牙咬，也鮮少會在戰鬥中陣亡。

壯碩山豬「豬斯拉」

日本山豬體重超過 100kg 的相當罕見，不管有多大，頂多 200kg，但是世界上卻有體型堪稱巨無霸的山豬。世界上最大的山豬體重超過 500kg。聽說這隻 2015 年在俄羅斯捕獲的巨型野豬身高 1.7m，體重達 535kg。這種巨型山豬稱為「豬斯拉」，名字來自英語的「Hogzilla」，結合了意指豬的「hog」與怪獸的「Godzilla」這兩個字。

山豬

只要一感覺到危險，就會衝向對方，用鋒利的獠牙啃咬或攻擊。日本更是每年都會發生山豬咬人的意外。 ■豬科 ■90～180cm、50～350kg ■日本／亞洲、歐洲、非洲北部 ■獠牙、暴衝

▲ 野豬的獠牙非常銳利，可以輕易咬破厚衣。

這些動物擁有病原體，會把傳染病傳染給人類，因此不要隨便觸摸。

白鼻心

擅長爬樹，喜歡水果。有時會住在民宅閣樓裡，要是試圖捕捉，極有可能會被反咬一口，要注意。 ■靈貓科 ■50～76cm、3.6～5.0kg ■東南亞～印度北部 ■獠牙

浣熊

以魚、小龍蝦和鳥類等小動物為食。長相雖然可愛，但是脾氣暴躁，一旦感覺到危險就會用牙齒和爪子攻擊。 ■浣熊科 ■60～95cm、1.8～10.4kg ■加拿大南部～南美洲 ■牙齒、爪子

灰狼

經常被誤以為會攻擊人類,其實警戒心
非常強,鮮少出現在人類面前。
以自傲的耐力及團隊合作方式來
捕捉獵物。●犬科 ⌣82～160cm、
23～80kg ⌣北美、歐亞大陸
●獠牙

有時會與棕熊爭奪獵物。

通常以十幾隻為一個單位,組成一個社會階級非常明顯
的「狼群」,群體進行狩獵。

●分類 ●體型 ●主要棲息地 ●危險之處

Q 灰狼會攻擊人類嗎？

A 一般認為灰狼幾乎不會攻擊人類，但還是會有突發事件發生。像是2005年在加拿大、2010年在美國就曾經發生過人類遭到狼襲而喪生的意外。但是這兩起意外並沒有任何目擊者，難以判斷是否與狼襲有直接關連。

知名的農作物害蟲。被吸取汁液的橘子和大豆果實往往會因此變形。

茶翅蝽
只要秋天一到，許多準備過冬的茶翅蝽就會進入屋內避寒。雖然無毒，卻會散發出臭味。●椿象科○13～18mm ○北海道～琉球群島／東亞 ●臭味

牠們在狩獵之前以及主張勢力範圍時會發出狼嚎，嚎叫聲可遠達10km。

近年的一項研究指出，加拿大西部不列顛哥倫比亞省的灰狼每到鮭魚的盛產季節反而比較喜歡捕食鮭魚，而不是獵捕鹿或其他野生動物。

人皮蠅
會在蚊子及塵蟎身上產卵。當蚊子和塵蟎吸食人血時，這些卵就會附著在人體上並且孵化。孵化的幼蟲會鑽入人體皮膚，食肉長大。●狂蠅科 ○15～18mm ○墨西哥～阿根廷 ●寄生

危險的恐龍子孫

南方鶴鴕

生活在森林裡卻不會飛的鳥，和人一樣高。擁有一雙健壯的腳，只要敵人靠近，就會猛烈攻擊，將其踢飛。■鶴鴕科□1.3～1.7m、58kg□新幾內亞、澳洲 ●腳、爪子

Q 鳥類是恐龍的後裔嗎？

A 最近的研究指出有一群恐龍演化成鳥類，這群被稱為小型獸腳亞目的恐龍骨骼與鳥類非常相似。此外人們還發現了不少和鳥類一樣覆蓋著一層羽毛、擁有翅膀的恐龍化石。在這些恐龍當中，演化出輕盈的身體、能夠在天空中飛翔的，就是鳥類。

▶蛋是綠色的。

看起來就像是恐龍的腿
長長的爪子非常銳利

距是皮膚衍生的
角質腫塊。

距

黑尾原雞

棲息於斯里蘭卡的野雞。公雞腳
上有一個名叫「距」的突起物，
當與其他公雞對戰爭奪母雞時，
這個「距」就可以當作武器來攻
擊對方。●雉科 □35～72cm ■
斯里蘭卡 ●距

危險生物
專欄　**打架的雞**

我們熟知的雞是將野生的紅原雞
馴化之後當作家禽，以用來食
用、觀賞或當作鬥雞賞玩。鬥雞
是一項利用雄性爭奪雌性這個習
性發展而出的競技，自古普見於
世界各地。

麝雉和始祖鳥

大約存在於 1.5 億年前的始祖鳥是目前公認最古老的鳥
類。始祖鳥保留了許多原始特徵，翅膀上還長有爪子。
麝雉的幼鳥翅膀上也有爪子，加上牠們的消化系統與其
他鳥類不同，曾經有人認為牠們說不定是保留了原始特
徵、和始祖鳥有關係的鳥類。不過現在已經知道牠們與
始祖鳥毫無關連。

麝雉

棲息於亞馬遜河和奧里諾科河附近
的鳥類。幼鳥的翅膀上有爪子。雖
然有翅膀，但卻無法長距離飛行。
●麝雉科 □62～70cm □南美洲北
部 ●爪子

◀在樹枝之間移動，或者是在
水邊想要抓住樹枝返回樹頂
時，幼鳥的爪子可以派上用場。

科摩多巨蜥 vs. 南方鶴鴕

世界上最大的蜥蜴科摩多巨蜥和最大的鳥類南方鶴鴕雖然都棲息在毫無敵人的地方，但是這兩者對決的話會是什麼情況呢？

科摩多巨蜥 vs. 南方鶴鴕 勝敗關鍵

大小	重量	速度
科摩多巨蜥 **3m**	科摩多巨蜥 **70kg**	南方鶴鴕 時速**50km**
南方鶴鴕 **1.7m**	南方鶴鴕 **58kg**	科摩多巨蜥 時速**20km**

科摩多巨蜥

牠們的獵物包括猴子、山羊、鹿和水牛。除了活體獵物，也以死骸為食。體型雖大，但行動迅速，狩獵時會默默趴在地上埋伏等待，然後再猛撲咬住靠近的獵物。覆蓋著一層鱗片的皮膚下面是名為皮內成骨的細骨，可讓身體更加堅硬。

鋸齒狀的牙齒和毒液

科摩多巨蜥的牙齒呈鋸齒狀，適合用來撕開獵物的肉。牙齒之間有毒腺，咬住之後可以直接注入毒液。獵物被咬之後，會因為在體內擴散的毒液而變得衰弱，慢慢失去性命。

南方鶴鴕

除了繁殖季節，通常會獨自生活。習慣在森林中漫遊，以撿拾落在地上的果實及蝸牛等小動物維生。勢力範圍意識強，如果有其他南方鶴鴕進入自己的領域就會採取猛烈的踢腿攻擊。為了保護自己免受這些攻擊，牠們的身體通常會覆蓋著一層堅韌的皮膚以及硬如刷子的羽毛。

有力的踢腿和銳利的爪子

南方鶴鴕的腳非常有力，腳掌還有三根鋒利的爪子，非常危險。像美國就曾經發生過一名飼養南方鶴鴕的男子遭到襲擊而身亡的意外。

這一頁模擬了野外難得一見的危險生物對抗賽。對決的結果只是一個可能性，並非絕對。

危險生物要是打起來……？

總評 南方鶴鴕也敵不過毒液嗎？

　雖然體型和重量比不上科摩多巨蜥，但是南方鶴鴕的奔跑速度可是和汽車一樣快，而且腳力強勁，可以將帶著盾牌的人類整個踢飛。就算是覆蓋著一層皮內成骨的科摩多巨蜥，也無法承受南方鶴鴕這麼一踢，有時甚至連命都會沒有。話雖如此，在這場戰鬥當中較占優勢應該還是科摩多巨蜥，因為牠們可以分泌出殺死大水牛的毒液。南方鶴鴕一踢，承受不了重擊的科摩多巨蜥應該會逃之夭夭吧。但是科摩多巨蜥在戰鬥中若是咬了南方鶴鴕了一口……高聲吶喊勝利的南方鶴鴕說不定過沒多久就會橫躺在地，等待死神……。

打倒牠！
咬死牠！
怪力無敵

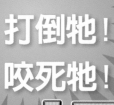

! 小宮園長的提醒

森林中的老虎和熊等大型哺乳類動物會利用牠們龐大的身軀和強大的力量捕殺獵物。像棕熊和黑熊這些危險生物也棲息在日本，要小心。

像1979年就曾發生過在千葉縣某寺廟飼養的老虎因為逃跑而被槍殺的事件。

恰姆帕瓦特的食人虎

1907 年，一隻母虎在印度的恰姆帕瓦特鎮被槍殺。那是一隻在尼泊爾和印度已經吞下 400 多個人的殺人虎。原本生活在尼泊爾的這隻老虎襲擊了許多人。因為傷亡過多，於是當地政府派遣軍隊來驅虎。被追趕到恰姆帕瓦特之後，這隻老虎依舊不改本性，繼續襲擊許多人，光是記錄就已經有 436 人被牠吃掉。在調查老虎屍體時，發現牠右側上下的獠牙已經受損。據說就是因為獠牙受損，老虎沒有辦法獵殺水牛及鹿等原本經常捕捉的獵物，所以才會開始攻擊容易獵殺的人類。

Q 老虎擅長游泳嗎？

A 老虎是大型貓科動物中罕見喜歡水的生物。在炎熱的日子裡通常會在河川或池塘中泡水，以冷卻發熱的身體。另外，牠們還是游泳健將，游泳距離可以超過8km，有時甚至會一邊游泳，一邊捕殺獵物。

老虎 🐾🐾🐾
體型最大的貓科動物。跳躍力高達10m，力氣還大到可以拖動重達700kg的水牛。●貓科 □2.0～3.7m、91～423kg □東南亞～印度、西伯利亞東部 ●獠牙、下顎、爪子

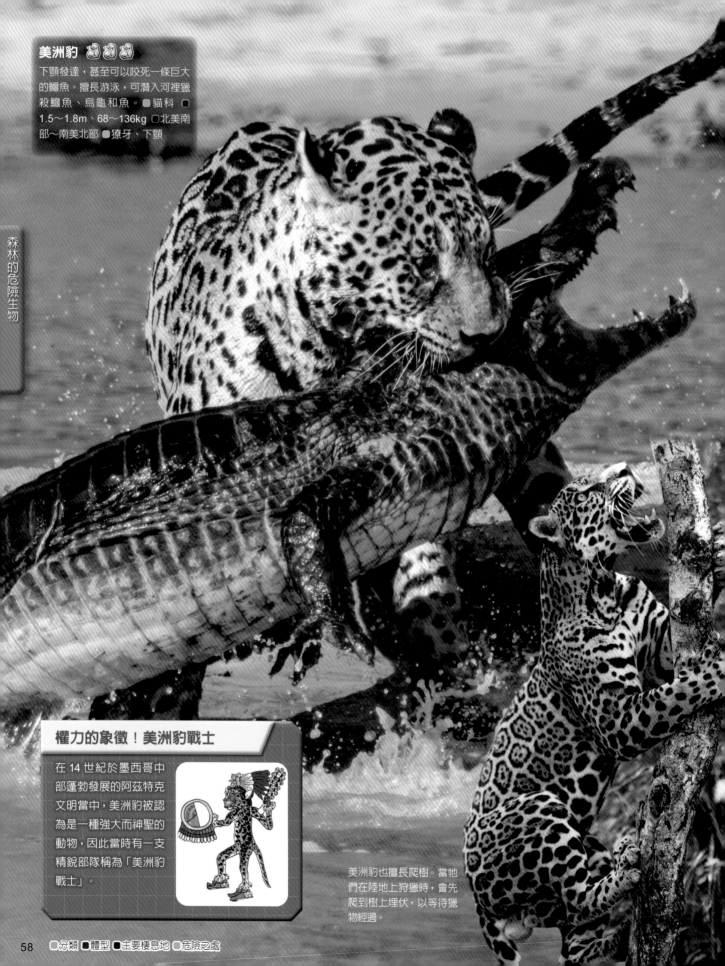

美洲豹 🐾🐾🐾

下顎發達，甚至可以咬死一條巨大的鱷魚。擅長游泳，可潛入河裡獵殺鱷魚、烏龜和魚。■貓科 □1.5～1.8m、68～136kg □北美南部～南美北部 ■獠牙、下顎

權力的象徵！美洲豹戰士

在 14 世紀於墨西哥中部蓬勃發展的阿茲特克文明當中，美洲豹被認為是一種強大而神聖的動物，因此當時有一支精銳部隊稱為「美洲豹戰士」。

美洲豹也擅長爬樹。當牠們在陸地上狩獵時，會先爬到樹上埋伏，以等待獵物經過。

■分類 ■體型 ■主要棲息地 ■危險之處

Q 為什麼街頭上會出現危險生物？

A 原因之一，是人類和危險生物居住的區域變得越來越近。像是印尼的蘇門答臘島就曾發生過亞洲象襲擊人類村落的事件。當時人類為了搭建村落及開闢田地，砍伐了亞洲象棲息的森林，所以才會頻頻傳出被趕出家園的亞洲象為了尋找食物而襲擊村落的事件。

江戶幕府第八代將軍德川義宗曾經引進並飼養亞洲象喔。

亞洲象 🐾🐾🐾
以母象為中心的群居動物。性格溫順，不過獨居的公象個性粗暴，非常危險。要是興奮起來，就連車子也會被壓毀。■象科 ●5.5～6.4m、3～5t ■印度、東南亞、斯里蘭卡 ■龐大身軀、鼻子、腿

踢飛敵人的古代戰車
亞洲象在古代印度和東南亞會被當作「戰象」來突擊踩踏敵人，或者是破壞防禦。

印度犀 🐾🐾🐾
厚實如盔甲的皮膚覆蓋著身體。性情溫順，可是一旦察覺到危險或者是保護幼犀牛時，就會衝向敵人發動攻擊。■犀科 ○3.1～3.8m、1.6～2.2t ○印度、尼泊爾 ■暴衝、角、厚皮

Q 大猩猩個性溫和嗎？

A 長久以來大猩猩一直被認為是會攻擊人類的危險動物，不過現在已經知道牠們其實是一種非常溫順的動物。曾經有記錄指出某日人類的孩童在動物園裡不慎掉落到大猩猩的區域，而且還昏迷不醒時，在飼養員趕來協助之前，大猩猩一直在孩子身旁守候，可見牠們的個性真的非常穩定而且溫和。

▶當敵人入侵勢力範圍時，會藉由折斷樹枝或猛烈捶胸的方式來表達不滿。

東部大猩猩 🦍🦍
身體龐大，手臂強壯。保護家人時會採取折斷樹枝或捶胸的方式來趕走敵人。■人科 □1.5～1.9m ○70～200kg □中非 ●腕力、獠牙

大猩猩的 危險之處！
大猩猩的握力不容小覷。曾經發生過豢養的大猩猩用大拇指和食指將牢固的鐵欄杆給擰歪。用機器測量時，發現當時的握力高達470kg。

有時會為了保護孩子挺身與老虎對抗，加以驅趕。

懶熊 🐾🐾🐾
名字聽起來感覺很溫順，但卻具有攻擊性，是非常危險的熊類。特別是在印度經常發生意外，每年有20到30人因牠而亡。■熊科 □1.5～1.9m ○55～140kg □南亞 ●獠牙、爪子

■分類 ■體型 ■主要棲息地 ■危險之處

即使是小熊也要小心

亞洲黑熊很少將人類當作獵物來攻擊。但是突然遇到，牠們極有可能會為了保護自己而發動攻擊，讓人類因此而喪生。若要前往亞洲黑熊棲息的地方時，最好掛上熊鈴或播放收音機，讓牠們知道人類的存在，提醒牠們趕快逃跑。

▲在亞洲黑熊出現的地方設置的熊鈴。

亞洲黑熊 ◨ 🐾🐾🐾
屬於體型較小的熊類，個性比棕熊溫和，但是若有小熊，甚至嚇到牠們的話，極有可能會陷入危險。◨熊科 ◨1.2～1.8m、65～150kg ◨日本(本州‧四國) ／亞洲 ◨獠牙，爪子

棕熊的
危險之處！

棕熊在雪地上行走時積雪上若有留下腳印，有時會故意「斷絕足跡」。斷絕足跡意指沿著走來的足跡回頭，之後再跳到旁邊的動作。這樣看起來會覺得腳印中斷，不知道牠們跑到哪裡去。棕熊若是斷絕足跡，就代表牠們對人類有了警戒心，準備逃離。不過，喜怒無常的棕熊也有可能會利用斷絕足跡這個方式來吸引人類注意，並且趁機襲擊。

棕熊 ◨ 🐾🐾🐾
龐大體型僅次於北極熊的肉食性動物，每年各地都會發生致命事故。只要感到有危險，就會用帶有鋒利爪子的前腳攻擊。◨熊科 ◨1.7～2.8m、80～600kg ◨北海道／歐亞大陸、北美洲 ◨爪子、獠牙

可怕的食人棕熊 三毛別棕熊襲擊事件

1915年12月，北海道的三毛別地區發生了一起棕熊引發的致命事故。釀起事故的是一隻高2.7m、重340kg的龐大棕熊。短短兩天時間不僅民家遭到襲擊，還有7個人的性命被奪走。這隻棕熊攻擊性強，警戒性高，遲遲無法捕捉。除了警察，就連軍隊也出動協助圍捕。在民家現身後的第六天，終於被當地的獵熊人射殺喪生。

▲長有鋒利爪子的前爪。熊掌比人類的手大得多，非常危險。

有毒生物

! 小宮園長的提醒

森林裡有不少會用毒殺死獵物的生物棲息，例如螞蟻和蜂等昆蟲，或者是蛇及蜈蚣，因此要特別留意。許多生物都會用毒來保護自己，而且有些生物的毒性甚至劇烈到足以殺死人類。

螞蟻的 危險之處！

蟻酸若是殘留在皮膚上，有時反而會讓皮膚紅腫剝落。若是不慎滲入眼睛會非常危險，千萬不要徒手捕捉或讓螞蟻靠近臉。

血紅林蟻（歐洲木蟻）

棲息於森林的螞蟻。會搭建一座巨大的蟻丘，通常會有100隻蟻后和10萬～40萬隻兵蟻在裡頭生活。●蟻科 □4.5～9.0mm ■歐洲 ●蟻酸

●分類 □體型 □主要棲息地 ●危險之處

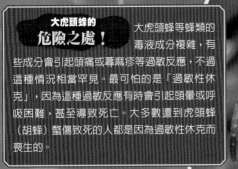

大虎頭蜂的危險之處！ 大虎頭蜂等蜂類的毒液成分複雜，有些成分會引起頭痛或蕁麻疹等過敏反應，不過這種情況相當罕見。最可怕的是「過敏性休克」，因為這種過敏反應有時會引起頭暈或呼吸困難，甚至導致死亡。大多數遭到虎頭蜂（胡蜂）螫傷致死的人都是因為過敏性休克而喪生的。

Q 螞蟻的身體會分泌毒液嗎？

A 山蟻之類的螞蟻擁有一種名叫「蟻酸（甲酸）」的毒液。這種蟻酸毒性非常強，只要皮膚一碰到就會立刻紅腫潰爛。像血紅林蟻要是遇到敵人，所有螞蟻就會同時從腹部噴出蟻酸。除了螞蟻，一種擁有尖刺、名叫咬人貓的植物也會分泌出一樣的毒液。

用屁股的螫針刺一下！

大虎頭蜂 🏺🏺🏺

日本體型最大的蜂類。每年都會發生人類在不知情的情況下接近蜂窩而遭到攻擊的意外。要是被大量的大虎頭蜂螫傷，性命可能不保。●胡蜂科 ●27～44mm ●北海道到九州、對馬、屋久島 ●螫針

木紋響尾蛇 ⚗️⚗️⚗️

棲息於森林的響尾蛇,在美國是聞之喪膽
的毒蛇。擁有劇烈的出血性毒,被咬的話
會劇烈疼痛,傷口也會潰爛。●蝰蛇科
□1.0～1.9m ■北美中部和東部 ●毒牙
(出血性毒)

眼鏡王蛇 ⚗️⚗️⚗️

世界上最大的毒蛇。毒性雖然不是最強,但分
泌的量要是一多,就算是大象也會倒地不起。
以蛇類及蜥蜴等爬蟲類為獵物。●眼鏡蛇科
■4.5～5.9m ■東南亞～南亞 ●毒牙(神經毒
素)

Q 蛇的毒液是唾液嗎?

A 蛇的毒液是「毒腺」製造的。這條毒腺與上顎的獠牙
相連,一旦被咬,獠牙就會分泌出毒液。其實蛇的毒
液是改良過的唾液,就連毒腺也是口中產生唾液的「唾液
腺」特化而來的。

毒液

◀黃綠龜殼花的同類

Q 哺乳類動物 哪個部位會有毒？

A 哺乳類動物不像蜘蛛或蠍子，身體某個特定部位並不會分泌毒液。不過爪哇懶猴會將前腳淋巴結分泌的液體與口中的唾液混合調成毒液。另一方面，溝齒鼩和鼩鼱則是會從門牙流出有毒的唾液。

每種生物的毒液成分各有不同。

爪哇懶猴 🧪
棲息於東南亞森林中、生活在樹上的猴類。習慣在身上塗抹毒液，以防塵蟎等寄生蟲附在身體上，或者啃咬對方來保護自己，以免遭到敵人的傷害。●懶猴科 □21cm □印尼 □口中的毒液

海地溝齒鼩 🧪
唾液中含有毒液，可以讓老鼠等獵物變得衰弱，咬的時候擁有特殊凹槽的牙齒會注入毒液。難得一見的動物，恐會滅絕。●溝齒鼩科 □28～33cm □伊斯帕尼奧拉島（加勒比海）●唾液

北短尾鼩鼱 🧪🧪
唾液有毒，咬住蝸牛和昆蟲等獵物後可讓牠們變得虛弱。毒性非常強，一隻北短尾鼩鼱分泌的毒液足以殺死200隻老鼠。●鼩鼱科 □7.5～11.0cm □北美中部至東部 ●唾液

祕魯巨蜈蚣 🧪

世界上最大的蜈蚣，有的長度超過30cm。
有毒，被咬時會感到劇痛。以在洞穴中捕
捉蝙蝠的習性而聞名。⬜蜈蚣科⬜20～
30cm ⬛南美洲⬜毒

皮碰到身體時會裝死，
並從足部關節分泌出
黃色液體。

圓胸地膽芫菁 ⊙ ⚗

日本見於春天的昆蟲。體液中含有一種名叫斑蝥素的成分，人的皮膚沾到時會紅腫或起水泡。■芫菁科 ■9～27mm ■北海道至九州、對馬 ■體液

黃芫菁 ⊡ ⚗

夏天會聚集在花朵上。體液含有斑蝥素，人的皮膚沾到時會腫脹和起水泡，盡量不要捏死牠們。■芫菁科 ⊡9～22mm ■本州、四國、九州、屋久島 ⊡體液

非洲巨馬陸 ⚗

世界上最大的馬陸，身長可達30cm。腳的數量多達300隻。身體受到刺激時會分泌出惡臭液體來保護自己。■旋馬陸科 ■20～30cm ■西非 ■體液

少棘蜈蚣 ⊡ ⚗

日本最大的蜈蚣，以昆蟲為食。有時會進入住家中，甚至在人們睡覺時咬一口。有毒，被咬時會感到劇痛。⊡蜈蚣科 ■80～150mm ■本州、四國、九州、琉球群島 ■毒液

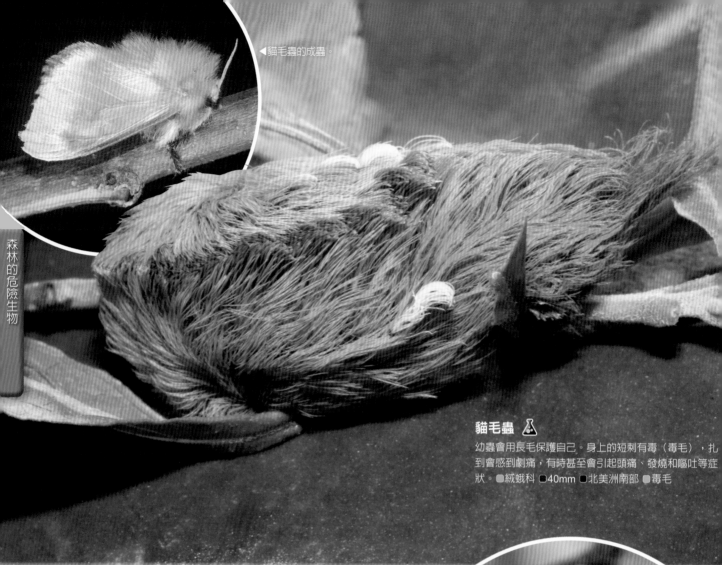

▲貓毛蟲的成蟲。

貓毛蟲 🧪

幼蟲會用長毛保護自己。身上的短刺有毒（毒毛），扎到會感到劇痛，有時甚至會引起頭痛、發燒和嘔吐等症狀。 ●絨蛾科 ▢40mm ▢北美洲南部 ●毒毛

南美天蠶蛾 🧪🧪🧪

在具有毒性的毛毛蟲中毒性最強。屬於無法讓血凝結的出血性毒，被刺之後若不馬上就醫，就會有生命危險。 ●天蠶蛾科 ●50mm（終齡幼蟲）●巴西、阿根廷、烏拉圭、巴拉圭 ●毒毛

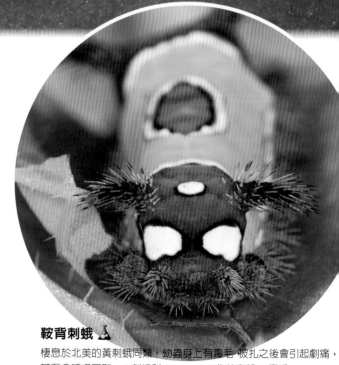

鞍背刺蛾 🧪

棲息於北美的黃刺蛾同類。幼蟲身上有毒毛，被扎之後會引起劇痛，甚至會呼吸困難。 ●刺蛾科 ●25mm ●北美東部 ●毒毛

有毒的日本蛾類幼蟲

黃刺蛾 ◉ ⚗

棲息於梅樹及柿樹上的蛾類。要是被幼蟲的毒刺扎到，就會痛到好像電流通過，是日本毛毛蟲中最痛的一種。■刺蛾科 ■25mm ■北海道～九州 ■毒刺

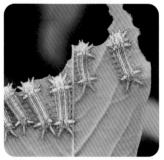

麗綠刺蛾 ◉ ⚗

棲息於櫻樹及楓樹等各種植物的黃刺蛾同類，是來自中國的外來種。被扎時會感到劇痛。■刺蛾科 ■25mm ■本州至九州、沖繩 ■毒刺

馬汀氏竹斑蛾 ◉ ⚗

幼蟲以竹子和竹葉為主食。亦常見於城市庭園及樹叢中。碰到刺會劇烈疼痛並起紅疹。■斑蛾科 ■18mm ■北海道至九州 ■毒毛、毒刺

馬尾松枯葉蛾 ◉ ⚗

會吃松葉的幼蟲。有一部分的背會長黑色毒毛，被扎時微微刺痛，之後變得紅腫，癢癢持續約一周。■枯葉蛾科 ■70mm（終齡幼蟲）■北海道至九州、沖繩 ■毒毛

豆盜毒蛾 ◉ ⚗

見於高原等地的檜木、金縷梅及杜鵑花等植物上。卵、幼蟲和成蟲都帶有毒毛，碰到皮膚會發炎、起疹子。■毒蛾科 ■30mm ■北海道～九州 ■毒毛

茶毒蛾 ◉ ⚗

每年都會有人被扎、最常見的毛毛蟲。一年會在山茶花上現蹤兩次。成蟲也有毒毛，飛行時會灑落。■毒蛾科 ■25mm ■本州、四國、九州 ■毒毛

世界各地華麗的蛾類和蝴蝶的幼蟲

世界上的蛾類和蝴蝶超過 15 萬種。除了成蟲，幼蟲的形態也同樣形形色色。除了上面介紹有尖刺的那些，有些幼蟲身體還五顏六色。有些生態尚不清楚，但還是可以看看一些在日本看不到的豔麗蛾類及蝴蝶的幼蟲。

▲與眼紋天蠶蛾同類的蛾類幼蟲。有許多毒刺。

▲與眼紋天蠶蛾同類的蛾類幼蟲。與左圖不同種，前後毒刺較長。

▲與黃刺蛾同類的幼蟲。身體兩端都有刺，只要一感到危險就會把刺豎起來。

▲海闊閃蝶的幼蟲。幼蟲時期會群居。

▲斑蝶同類的幼蟲。以黑白兩色為特徵。

森林的危險生物

枯萎！樹木大量

森林破壞

⚠ 小宮園長的提醒

棲息於森林、以植物為食的昆蟲當中，有些不僅吃樹葉，
還吃樹幹。這些昆蟲一旦大量出現，樹木就會枯萎，使得
整片森林遭到破壞，所以有時會被稱為「森林害蟲」。

Q 為什麼森林是紅色的？

A 因為被南方松小蠹蟲吃掉了。南方松小蠹蟲
是一種棲息在樹上並以此為食的小蠹亞科昆
蟲，而且會在松樹樹幹上產卵。孵化的幼蟲會啃食
樹幹內部，導致翠綠的松葉變紅，最後枯萎，使得
整片森林死亡。

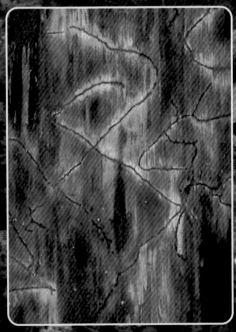

▲被南方松小蠹蟲啃食的松樹樹幹裡有條幼蟲穿
行路徑。

南方松小蠹蟲
棲息在北美、以松樹為食的害蟲。
每6至12年就會發生一次大爆發，
幼蟲會在樹皮下啃食樹幹，導致樹
木枯萎。●小蠹亞科 ⬜2～4mm
⬜北美東南部 ●蛀食

■分類 ■體型 ■主要棲息地 ■危險之處

舞毒蛾 □🧪

屬蛾類，幼蟲時期會吃各種植物。大爆發以10年為一個周期，會把樹木蛀食個精光。1齡幼蟲的毛有毒，會引起疹子。■毒蛾科 □ 60mm（幼蟲） □日本／亞洲、歐洲、北美 ■毒毛、蛀食

通常單獨生活，但在大爆發時會成群結隊。

大爆發時被舞毒蛾蛀食的樹。白色物體是幼蟲吐出的絲。

吸血生物

⚠ 小宮園長的提醒

遇到以其他生物血液為食的吸血生物，例如蚊子和獵蝽一定要注意。有些物種會傳染奪走人命的危險疾病，讓全球陷於警戒之中。

蚊子是世界上最危險的生物嗎？

眾所周知，蚊子是世界上最危險的動物，每年奪走超過 70 萬條人命。牠們以危險的病毒為媒介，讓人類的血液被感染，進而導致嚴重的疾病。瘧疾是世界上最嚴重的傳染病之一，而且絕大多數都是因為蚊子感染引起的。

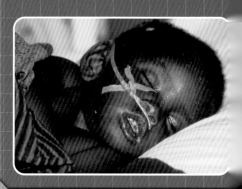

危險生物專欄　蚊子攜帶的主要傳染病

瘧疾
主要在非洲、亞洲和南美洲赤道附近的國家流行。
患者人數：約 2 億 1400 萬人

登革熱
登革熱病毒引起的感染病。鮮少危及生命，但是重症化會導致大量出血，甚至奪走性命。
患者人數：約 9600 萬

茲卡病毒感染
茲卡病毒引起的感染症。雖然很少危及生命，但是懷孕婦女若是感染，極有可能傳染給胎兒，甚至因為生病而喪命。
患者人數：超過 150 萬

甘比爾瘧蚊

以攜帶瘧原蟲而聞名的蚊子。要是被這種蚊子咬到，瘧原蟲就會進入血液並引起感染。

● 蚊科 ● 3mm ● 中非 ● 吸血

□分類 ●體型 ■主要棲息地 ○危險之處

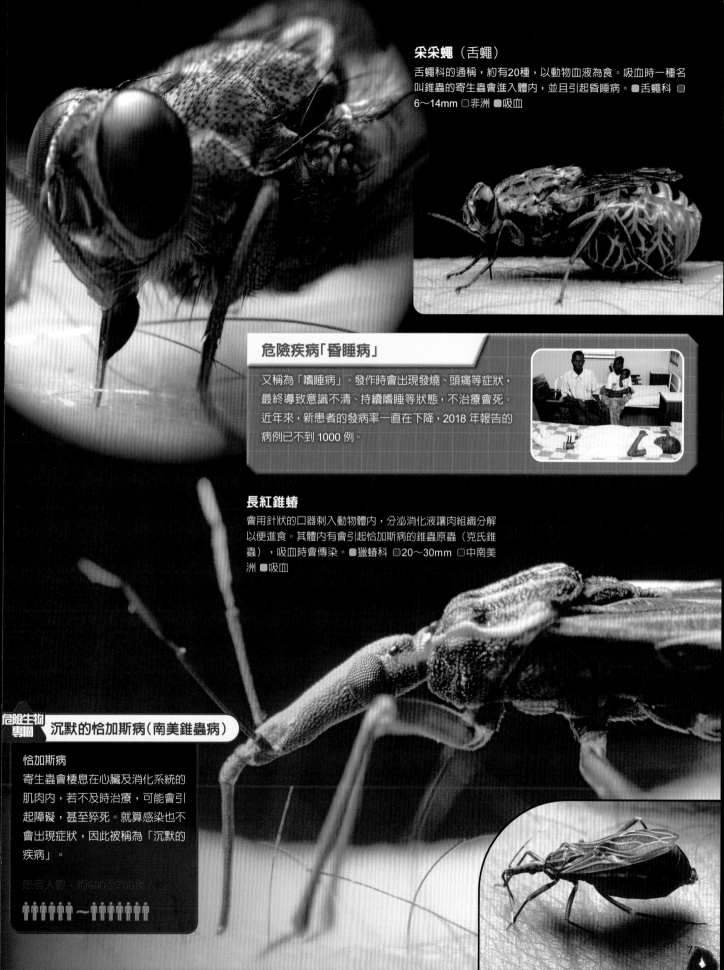

采采蠅（舌蠅）

舌蠅科的通稱，約有20種，以動物血液為食。吸血時一種名叫錐蟲的寄生蟲會進入體內，並且引起昏睡病。●舌蠅科 □6～14mm □非洲 ●吸血

危險疾病「昏睡病」

又稱為「嗜睡病」。發作時會出現發燒、頭痛等症狀，最終導致意識不清、持續嗜睡等狀態，不治療會死。近年來，新患者的發病率一直在下降，2018 年報告的病例已不到 1000 例。

長紅錐蝽

會用針狀的口器刺入動物體內，分泌消化液讓肉組織分解以便進食。其體內有會引起恰加斯病的錐蟲原蟲（克氏錐蟲），吸血時會傳染。●獵蝽科 □20～30mm □中南美洲 ●吸血

危險生物專欄 沉默的恰加斯病（南美錐蟲病）

恰加斯病

寄生蟲會棲息在心臟及消化系統的肌肉內，若不及時治療，可能會引起障礙，甚至猝死。就算感染也不會出現症狀，因此被稱為「沉默的疾病」。

患者人數：約600至700萬人

👤👤👤👤👤👤👤👤👤👤 ～ 👤👤👤👤👤👤👤👤👤👤

棕熊 vs. 貂熊

棕熊和貂熊均生活在北半球的森林中。居住的地方重疊,在現實生活中應該有機會遇到對方。如果擁有力量和速度的棕熊碰到以最勇敢、最兇猛聞名的貂熊,會出現什麼樣的情況呢?

這一頁模擬了野外難得一見的危險生物對抗賽。對決的結果只是一個可能性,並非絕對。

棕熊	棕熊		
3m	**600kg**		
	大小	重量	
貂熊	貂熊		
1m	**30kg**		

棕熊

體格碩大強壯，習慣獨居，在森林中幾乎沒有天敵。生活在阿拉斯加的阿拉斯加棕熊有的站立時最高可達3m，體重超過600kg。偶爾會以鮭魚和駝鹿等其他動物為食，或者搶奪灰狼捕食的獵物，但大部分的食物都是樹果及草等植物。

力氣和速度
前腳揮動的強勁力道足以擊斃一隻巨大的駝鹿。身體雖然龐大，奔跑的時速卻可達50km，能迅速追上逃跑的獵物，並且一拳將牠們擊倒。

貂熊（狼獾）

鼬鼠類生物中體型最大的一種。獨居，勢力範圍相當大。飲食習慣與熊相似，除了果實與樹果，有時也吃小動物。在食物匱乏的冬季也會捕食麋鹿等大型哺乳類動物。獵殺大型動物時會在岩石或樹木上埋伏，然後再猛撲，將獵物咬傷。

兇猛的個性
殘暴無所畏懼的貂熊別名「小惡魔」，不僅會搶奪棕熊和灰狼的獵物，還會獵殺體重超過自己20倍的麋鹿。體型雖然嬌小，但下顎力道強勁，可將獵物的骨頭啃碎。

危險生物要是打起來……？

總評 受到貂熊襲擊的棕熊逃跑了？

阿拉斯加棕熊是棕熊最大的亞種，身長約3m，體重680kg。前爪只要一揮，貂熊就會不堪一擊。不過貂熊要是善用突襲以及嬌小身軀這個優勢，說不定就能趕跑棕熊。舉例來講，貂熊可以在棕熊出沒的樹木上或岩石旁埋伏，只要對方一出現，就可撲向後方襲擊。棕熊的前腳無法伸到脖子後面，幾乎無法甩掉貂熊。只是棕熊毛髮多，皮厚脂肪多，不易受到傷害，不過野生動物打鬥時是不會白費功夫的。棕熊只要生命沒有受到威脅，原則上是不會讓自己打到受傷，所以貂熊要是死纏爛打，棕熊就會因為受不了而逃離。

群體來襲！恐怖的集體攻擊！

襲擊消防人員的非洲殺人蜂。
美國曾經發生一名男子被蜂螫
傷1000多處而死亡的意外。

非洲殺人蜂 🧪🧪🧪

非洲蜂（東非蜂）和義大利蜂的雜交種。
又稱為殺人蜂，攻擊性強，曾螫死人類。
蜜蜂科．○公分○公厘．原產於澳洲．台灣沒有分布

蜂類的特徵　危險的蜂毒

許多蜂類都有螫針。螫針是產卵管
特化而來，所以只有雌蜂才有。毒
性雖然不強，但偶爾會引起過敏性
休克，可能會危及生命，要小心。

◀一旦被蜜蜂螫傷，毒刺就會殘留在體內。

義大利蜂 ⊙ 🧪🧪

世界各地為了蜂蜜而飼養的蜂類。本性溫和，除非蜂巢受到刺激，否則不會主動螫人。■蜜蜂科 ■13～20mm ■全世界 ■螫針

蜜蜂的 危險之處！

蜜蜂的個性雖然比虎頭蜂和長腳蜂溫順，但還是有可能為了自衛而發動攻擊。體型雖小，被螫時卻會和照片一樣讓人身體腫脹及疼痛。

熊蜂（*Bombus diversus*）⊙ 🧪

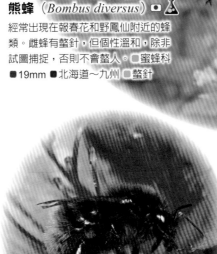

經常出現在報春花和野鳳仙附近的蜂類。雌蜂有螫針，但個性溫和，除非試圖捕捉，否則不會螫人。■蜜蜂科 ■19mm ■北海道～九州 ■螫針

熊蜂 ⊙ 🧪
（*Bombus ardens*）

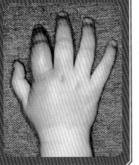

城市中常見的熊蜂同類。熊蜂個性相當溫和，就算接近蜂窩，也不會螫人。■蜜蜂科 ■10～16mm（工蜂）■北海道～九州、屋久島 ■螫針

▲正在採蜜的日本蜂。

日本蜂 ▢ 🧪🧪

為了採取蜂蜜而飼養的蜂類，野外也有群居的野蜜蜂。生性非常溫和，除非受到刺激，否則鮮少螫人。一旦刺人，就會因為蜂針脫落而死亡。■蜜蜂科 □12～13mm（工蜂）□北海道～九州、琉球群島 ■螫針

蜂巢有時會遭到虎頭蜂攻擊。此時日本蜂會成群結隊包圍入侵的虎頭蜂，振動身體，提高體溫，將虎頭蜂悶死。這就是日本蜂承受溫度比虎頭蜂高所施展的絕招。

擬大虎頭蜂
（小型虎頭蜂）

習慣在庭院的植物上或住家屋簷下築巢。個性溫和，但蜂窩若是遭到破壞或受到刺激就會發動攻擊。亦經常採集樹液。■胡蜂科 ■21～29mm ■北海道～九州、琉球群島 ■螫針

費邊胡蜂
（黃邊胡蜂、歐洲虎頭蜂）

天黑照樣四處飛行的蜂類，這點與其他虎頭蜂不同。攻擊性非常強，就算只是從巢穴附近經過，照樣會被螫傷。■胡蜂科 ■19～28mm ■北海道～九州 ■螫針

細黃胡蜂

會在地下築巢的小型虎頭蜂。喝果汁時偶爾會聚集而來，試圖追趕時有可能會被螫傷。■胡蜂科 ■10～15mm ■北海道～九州、屋久島、種子島 ■螫針

姬虎頭蜂
（雙金環虎頭蜂、黑尾胡）

雖然名字有個「姬」字，體型卻僅次於大虎頭蜂。主要捕食長腳蜂。雖然生性溫和，但是受到刺激時還是會有攻擊性。■胡蜂科 ■25～35mm ■本州～九州、琉球群島 ■螫針

危險生物專欄　警戒！入侵日本的虎頭蜂

黃腳虎頭蜂原本棲息於中國，但是 2012 及 2015 年卻分別在日本的對馬及北九州發現其蹤影。牠們會捕食蜜蜂等昆蟲，破壞生態的可能性非常大，未來甚至有可能入侵日本的本州地區，進一步擴大棲息地，因此備受警戒。

虎頭蜂的 危險之處！

這是一種充滿攻擊性的蜂類，擁有萬物皆可刺的螫針。每年都會發生虎頭蜂引發的致命事故，而且死因大多是蜂毒引起的過敏症狀。

黃腳虎頭蜂（赤尾虎頭蜂）

原產於中國及東南亞的虎頭蜂，喜歡攻擊蜜蜂。已經入侵歐洲、日本和韓國，而且攻擊會產蜜的蜜蜂，成了令人頭疼的問題。■胡蜂科 ■20～30mm ■中國南部、東南亞、印度北部 ■螫針

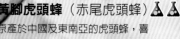

■分類 ■體型 ■主要棲息地 ■危險之處

大多數的虎頭蜂身體都是黑色及黃色條紋，這叫做「警戒色」。一般認為這樣的顏色是為了保護自己，警告對方自己是一種帶有毒性以及會用針攻擊的危險生物。其實人類也會使用警戒色。因為是非常顯眼的色彩，所以在平交道等危險較多的地方通常會使用警戒色，以提醒大家多加注意。

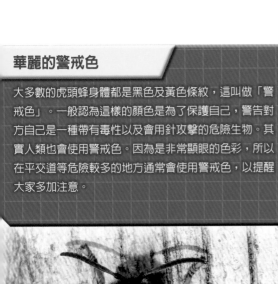

中長黃胡蜂

廣泛棲息於歐亞大陸的虎頭蜂，亦可在日本的本州和北海道看到。習慣在庭院的植物上或住家屋簷下築巢。●胡蜂科 ■14～22mm ●北海道、本州／歐亞大陸 ●螫針

棕色大黃蜂（茶色雀蜂）

有個奇怪的習性，就是侵入黃蜂和費邊胡蜂的巢穴，殺死女王蜂並接管蜂窩。攻擊性非常強。●胡蜂科 ■17～29mm ■北海道、本州 ●螫針

黃色胡蜂

城市中最常見的虎頭蜂。經常在住家築巢，靠近時會發動攻擊，不少人深受其害。●胡蜂科 □17～26mm □北海道～九州、屋久島 ●螫針

虎頭蜂的巢穴位置

虎頭蜂的築巢地點通常會隨物種不同而改變，但是位置大多非常固定。像大虎頭蜂及細黃胡蜂習慣在樹洞或地下築巢，黃色胡蜂及中長黃胡蜂則是習慣在樹上或住家築巢。就算看見蜂窩，也不要隨便靠近。

大虎頭蜂

黃色胡蜂

細黃胡蜂

中長黃胡蜂

日本馬蜂 ▫ 🝮🝮

習慣在杉樹葉後面築巢的蜂類。蜂窩通常會有黃色繭蓋，相當特別。■胡蜂科 ■13～16mm ■北海道～九州、屋久島、沖繩島 ■螫針

長腳蜂的
危險之處！

長腳蜂屬虎頭蜂，有些種類具有攻擊性。屬於常見的蜂類，經常在屋簷下築巢。被螫會腫脹，並且感到劇痛。

造紙胡蜂 🝮🝮
（*Polistes dominula*）

在地中海地區最常見的長腳蜂，不過最近卻入侵北美。生活在住家附近，因此螫人事故層出不窮。■胡蜂科 ■9.5～13.0mm ■地中海地區 ■螫針

黑紋長腳蜂 ▫ 🝮🝮

（黃長腳蜂）

外觀與暗黃長腳蜂非常相似，但屬於較具攻擊性的長腳蜂，只要靠進蜂窩就會激烈恐嚇，四處竄飛。■胡蜂科 ▫18～24mm ▫北海道～琉球群島 ■螫針

暗黃長腳蜂 ▫ 🝮🝮

（家馬蜂、家長腳蜂）

城市中常見的長腳蜂。會襲擊蝴蝶及飛蛾的幼蟲，用下顎將獵物撕成肉丸之後餵給幼蟲吃。■胡蜂科 ▫18～26mm ▫本州～九州、琉球群島 ■螫針

控制蟑螂的可怕蜂類

棲息在熱帶地區的扁頭泥蜂會將毒液注入蟑螂體內加以操縱，使其成為幼蟲的餌。成為獵物的蟑螂被注入毒液後非但不會逃跑，反而還會被扁頭泥蜂操縱。受控的蟑螂被帶回蜂窩後，扁頭泥蜂會把卵產在他們身上，等到幼蟲孵化時，到成年之前就可以一直食用蟑螂維生了。

▲從蟑螂體內出來的扁頭泥蜂成蟲。

◀攻擊蟑螂的扁頭泥蜂。控制蟑螂的毒液會注入兩次。

二斑黑蛛蜂
（*Anoplius samariensis*）

會獵捕跑蛛科蟲子。抓到蜘蛛之後會刺入螫針，加以麻醉，不過生性溫和，除非試圖捕捉，否則不會螫人。■蛛蜂科 ■12～25mm ■北海道～九州 ■螫針

英雄鳥蛛蜂
（*Pepsis staudingeri*）

世界上體型最大的蜂類。會將毒針刺入巨大的捕鳥蛛身上，麻醉之後再於他們身上產卵。■蛛蜂科 ■60mm ■北美洲南部～南美洲 ■螫針

蛛蜂的
危險之處！

會襲擊蜘蛛，以用來餵食幼蟲的蜂類。體型龐大，被螫時會感到劇痛。不過個性比虎頭蜂及長腳蜂溫和。

蟻類

螞蟻的特徵　　尖銳的下顎

螞蟻的主要武器是突出的尖銳下顎，能咬破人體的
皮膚。另外，有些螞蟻有毒針，刺到會疼痛不已，
要小心。螞蟻對自然界生物的影響往往比人類還要
大，而外來的螞蟻甚至可以破壞生態系。

矛蟻 🗺️🗺️

指螞蟻總稱。數千萬隻成群在森林裡移動，
以捕捉遇到的生物維生。下顎力道強，能輕
易咬破人的皮膚。■蟻科 ■3～15mm ■中
非 ■大顎

■分類 ■體型 ■主要棲息地 ■危險之處

▲會搭建蟻丘，在裡頭生活。

突襲巢穴，獵捕奴隸

亞絲山蟻和武士蟻（佐村悍蟻）有時會為了自己的利益而攻擊其他蟻穴，偷走牠們的幼蟲和蛹，甚至奴役牠們，這叫做「奴隸狩獵」。
被帶走的幼蟲和蛹成蟲之後會再帶走牠們的螞蟻手下充當奴隸蟻，勤奮工作，例如採取糧食或者打掃巢穴。

▲亞絲山蟻正準備把山蟻同類帶回去當奴隸。

葉盛山蟻 ⊙ ⚗

會在森林中搭建一個直徑約1m的蟻丘。要是蟻丘遭到破壞，大量工蟻就會蜂湧而出，彎腰從腹部噴出蟻酸。■蟻科 ■4.5～7.0mm ■本州中部以北～北海道 ■蟻酸

華夏短針蟻 ⊙ ⚗

日本平地到山區極為常見的螞蟻。臀部有毒刺，被螫時會痛。有時躺在草皮上也會被螫傷。■蟻科 ■4mm ■本州中部以南～沖繩 ■螫針

日本巨山蟻（日本弓背蟻）⊙ ✋

日本各地都會看到、最熟悉的螞蟻之一。一旦遇到敵人就會咬住對方，或者噴灑蟻酸來保護自己。■蟻科 ■7～12mm ■北海道～九州、屋久島、吐噶喇群島／朝鮮半島、中國 ■大顎、蟻酸

熱帶火家蟻（熱帶火蟻）⚗

一受刺激就會啃咬或用臀部的針螫傷對方。毒性不強，但曾發生因為過敏而休克死亡的案例。■蟻科 ■3～5mm ■北美洲南部～中美洲等世界熱帶地區 ■大顎、螫針

相思樹蟻 ⚗ ⚗

棲息在相思樹上的螞蟻。樹木為螞蟻提供了房間和汁液，螞蟻則是為樹木趕走啃食的昆蟲。被其臀部的針螫到時會很痛。■蟻科 ■3mm ■中美洲 ■螫針

紅收穫蟻 ⚗ ⚗

具有攻擊性的螞蟻。被針螫傷會痛不欲生，而且引起的過敏還可能導致休克。■蟻科 ■5～7mm ■北美 ■大顎、螫針

小心蟻群！

阿根廷蟻

原產於南美洲的兇猛螞蟻。遍布世界各地，日本亦已出現蹤跡。攻擊性強，一旦族群擴張，就會將當地的螞蟻整個消滅。■蟻科　■2.5mm　■南美洲（原生地）■大顎

鬼針游蟻

沒有固定的蟻穴，在叢林中以數十萬隻的數量聚集成龐大蟻群，一邊狩獵，一邊生活。兵蟻有巨大的下顎。■蟻科　■10mm　■中美洲　■大顎

兵蟻的下顎力氣大到可以刺穿指尖的皮膚。

織巢蟻（紅樹蟻、黃絲蟻）

幼蟲會吐絲將葉子織成巢穴。脾氣暴躁，只要靠近巢穴就會用下顎和蟻酸攻擊。就連人類被咬也會感到疼痛。■蟻科　■8～10mm　■東南亞、澳洲東北部　■下顎、蟻酸

織巢蟻的同類，會捕捉入侵巢穴的昆蟲。

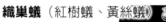

臀部銳利的針。

子彈蟻

生活在叢林中的螞蟻。在螞蟻和蜜蜂當中，以被螫到的疼痛程度堪稱第一而聞名。這種疼痛可持續24個小時。■蟻科　■25mm　■中美洲～南美洲　■螫針

危險生物專欄　世上最痛的儀式？

亞馬遜的某個部落只要達到某個年齡，就會用子彈蟻來舉行儀式。他們會將手放在裝滿子彈蟻的手套裡，故意讓螞蟻螫傷並且忍受疼痛。不過這種痛曾經強烈到讓一名體驗這個儀式的澳洲男子癱倒在地，不得不送醫救治。

小心螫針！

光點小火蟻（金刻沃氏蟻、小火蟻）

原產於南美洲的螞蟻。被螫針螫到時就像觸電一樣痛。因混入行李中而擴散到南美洲以外的熱帶地區。■蟻科　■1～2mm　■南美洲　■螫針

▶ 會用大顎啃咬，用螫針攻擊。顧名思義，「小火蟻」這個名字代表被牠們螫到，傷口會像火燒般劇痛，而且還會腫脹。

入侵紅火蟻

原產於南美洲的螞蟻。被螫時會產生劇痛。北美洲已經有80多人因為被這種螞蟻咬而死於過敏性休克。■蟻科　■4mm　■南美洲　■螫針

巨人弓背蟻 🖐
世界上最大的螞蟻，棲息於東南亞叢林中。下顎強而有力，可以輕易咬破人的皮膚。■蟻科 ■28.1mm ■東南亞 ■大顎

牛頭犬蟻 🖐
又稱「公牛蟻」，世界公認最危險的螞蟻之一，要是遭到螫針和大顎攻擊會痛不欲生。■蟻科 ■8～25mm ■澳洲 ■螫針、大顎

注意大顎！

高山鋸針蟻 🖐
全世界已知約有70種。會張開大顎埋伏等待，當下顎的感覺毛一碰到獵物，就會以時速230公里的速度緊閉，讓獵物來不及掙脫。■蟻科 ■10～13mm ■全世界的熱帶和亞熱帶地區 ■大顎、螫針

小心爆炸！

桑氏平頭蟻（爆炸螞蟻）⚗
名為大顎腺的腺體會爆炸，讓裡頭白色或綠色的黏液噴在敵人身上將其殺死。自爆之後螞蟻也會死。■蟻科 ■5mm ■馬來西亞 ■黏液

蜘蛛

蜘蛛的特徵　| 毒牙

蜘蛛會用「螯肢」這個銳利的獠牙刺穿獵物的身體，之後再將毒液注入體內。儘管牠們的外表非常嚇人，但會對人類造成危險的毒蜘蛛並不多。話雖如此，遇到蜘蛛時還是要注意，因為有些毒性強到可以奪走性命。另外，被螯肢較大的蜘蛛咬到時還是會感到劇痛。

巴西流浪蜘蛛（香蕉蜘蛛）🧪🧪🧪
南美洲最可怕的毒蜘蛛。曾發生過人類在不知情的情況下踩到牠而被咬的意外。只要不刺激牠，性命就會安全無虞。●絞蛛科 □15～40mm □巴西、阿根廷北部 ●毒牙

花邊華麗雨林蜘蛛 🧪🧪

棲息於樹上的狼蛛（捕鳥蛛）。有時當作寵物來飼養，但被咬時毒液會引起劇痛，要注意。●捕鳥蛛科 ●80mm ■斯里蘭卡 ■毒牙

巨人食鳥蛛 🧪🧪

世界上最大的蜘蛛，展足可達28cm。毒性雖弱，被咬時感覺像是被虎頭蜂螫到一樣疼痛。●捕鳥蛛科 ○10cm □南美洲北部 ■毒牙

皇帝巴布蜘蛛 🧪🧪

棲息於非洲。會躲在地下的巢穴中，趁機襲擊路過的生物。具有毒性，被咬會產生劇痛。●捕鳥蛛科 ○80mm □東非 ■毒牙

其實相當美味的狼蛛

南美洲部分地區有吃巨人食鳥蛛的文化。當地人會先將蜘蛛全身的刺激毛燒掉，用香蕉葉包起來爛熟後再食用。有人說口感像蝦。

▲當敵人靠近時，他們會用腿摩擦身上的刺激毛，發射攻擊。

捕鳥蛛之類的大型蜘蛛又稱為狼蛛，原本是生活在歐洲的狼蛛科

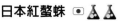

大腹圓蛛（大腹鬼蛛）
棲息於住家附近，晚上會吐絲結一個大圓網。抓牠的話會咬人。被咬時會感到刺痛。■園蛛科■15～30mm■北海道、本州、四國、九州、琉球群島■毒牙

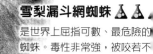

雪梨漏斗網蜘蛛
是世界上屈指可數、最危險的蜘蛛。毒性非常強，被咬若不立刻送醫，生命會陷入危險。■六疣蛛科■50mm■澳洲雪梨附近■毒牙

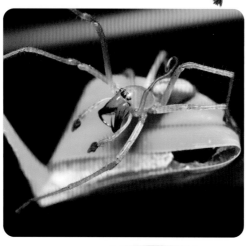

日本紅螯蛛
日本毒性最強的蜘蛛。被咬時會感到劇痛，有時還會出現休克症狀。習慣將杉樹樹葉捲起來築巢。■袋蛛科■3～10mm■北海道、本州、四國、九州■毒牙

白額高腳蛛
（白額巨蟹蛛）
日本第二大的不結網蜘蛛。習慣棲息於建築物中，捕捉蟑螂或蒼蠅為生。抓牠的話會被反咬一口。■高腳蛛科■10～30mm■本州、四國、九州、琉球群島■毒牙

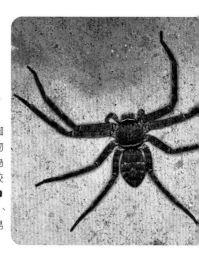

棕色遁蛛
生活在住家附近的蜘蛛，經常咬人。1984年曾造成5人死亡。若是被咬，毒液會讓皮膚潰爛，甚至壞死。■絲蛛科■15mm■北美州南部■毒牙

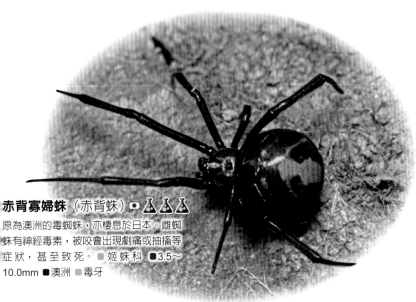

赤背寡婦蛛（赤背蛛）

原為澳洲的毒蜘蛛，亦棲息於日本。雌蜘蛛有神經毒素，被咬會出現劇痛或抽搐等症狀，甚至致死。■姬蛛科 ■3.5～10.0mm ■澳洲 ■毒牙

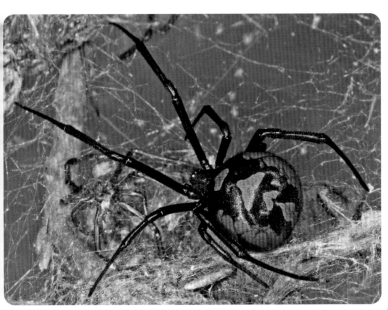

間斑寇蛛（歐洲黑寡婦蜘蛛）

棲息於歐洲南部和亞洲的毒蜘蛛。毒性雖然會致命，不過最近有藥物可以降低毒性，就算被咬也不會喪命。■姬蛛科 ■15mm ■地中海沿岸、中亞 ■毒牙

褐寡婦蛛

外來種蜘蛛，但在東京、神奈川、愛知等日本各地都有發現。帶有神經毒素，被咬會引起劇痛、嘔吐和抽搐等症狀。■姬蛛科 □2.5～10.0mm □澳洲、中美洲、南美洲、太平洋群島 ■毒牙

新生物專欄　入侵日本的毒蜘蛛

原產於國外的赤背寡婦蛛和褐寡婦蛛，是因為混入進口物品中才到日本，而且日本各地還傳出被咬的報導。這兩種蜘蛛都非常危險，故被日本政府指定為「特定外來物種」，也就是會危急人類生命及生態的海外生物。間斑寇蛛在日本尚未發現，但未來還是有可能會傳至日本，所以現在已被指定為特定外來物種。

蠍類

地中海黃蠍 ⚗⚗

棲息於地中海周圍。生活在人類附近，因此被咬事故頻傳。毒量雖少，卻還是有致命案例。●鉗蠍科 □60〜80mm □南歐、北非、中東 ●毒針

蠍子的特徵 | **毒針**

蠍子會先用前腳，也就是螯肢抓住獵物後再用尾尖的毒針注射毒液。雖然所有的蠍子都有毒，但和蜘蛛一樣，只有少數會危害人類。不過有些蠍子擁有劇毒，會導致呼吸困難和全身癱瘓等症狀，要小心。

●分類 □體型 □主要棲息地 ●危險之處

身體會發光的神奇蠍子

蠍子在紫外線照射下會發出綠光。這是因為牠們的身體表面有種名叫「β-carboline」的物質在發光。雖然眾說紛紜，但是身體發光的目的依舊不明。

條紋樹皮蠍（*Centruroides vittatus*）🧪

美國南部常見的蠍子，每年都會發生螫傷事故。毒性雖強，但量不多，鮮少致死。●鉗蠍科 ●70mm ●北美州南部、墨西哥北部 ●毒針

斑等蠍 ◉🧪

在日本見於沖繩群島和小笠原群島的蠍子。毒性不強，就算被咬也不會喪命。●鉗蠍科 ●30mm ●全球的熱帶和亞熱帶地區 ●毒針

黃肥尾蠍 🧪🧪

世界上最危險的蠍子之一。顧名思義，擁有一條非常粗的尾巴。具有強烈的神經毒素，被螫傷時會引起劇痛，不過鮮少致死。●鉗蠍科 ●65mm ●北非、中東●毒針

帝王蠍 🧪

世界上最大的蠍子，體長可達20cm。毒力不強，但螫肢的力量很大，被夾可能會流血。●皺齒蠍科 ●20cm ●非洲 ●螫肢

以色列殺人蠍（以色列金蠍）🧪🧪🧪

是世界上最毒的蠍子。雖然鮮少讓人喪命，但對孩童及老人來說依舊會致命。●鉗蠍科 ●80〜110mm ●北非、中東 ●毒針

看似美味，但卻不能食用的

日本的毒蕈菇

蕈菇通常生長在樹木附近，因此日本人把這種植物稱為「木之子」。它是一種「菌類」生物，以吸收落葉和動物死骸的營養為生。這是大家熟悉的食材，日本也隨處可見，但是有些帶有劇毒。先來看看幾種常見的毒菇吧。

毒蠅傘 ⚗️⚗️

吃下去會引起嘔吐、腹瀉和幻覺，但鮮少致死。擁有的毒可以用來殺死蒼蠅。●鵝膏菌科 ●10～24cm（高度）●闊葉林和針葉林的地面 ●菇毒

Q 色彩鮮豔的蕈菇有毒嗎？

A 色彩鮮豔的蕈菇未必都有毒，許多毒菇其實長得和食用菇差不多。可惜的是食用菇與毒菇並沒有一個明確的方法可以分辨。所以就算看到蕈菇也不要隨便摘來食用，這樣會非常危險。雖然有些毒菇吃了會奪走人命，但為什麼有毒至今還不是很清楚。

晚上會發光。

月夜菌 ⚗️⚗️⚗️

外觀類似平菇和香菇，會在黑暗中發出微弱光芒。食用後過30分鐘～1個小時會出現嘔吐、腹瀉和腹痛等症狀。致死情況不常見。●光茸菌科 ●10～25cm（傘徑）●闊葉樹樹幹、山毛櫸樹 ●菇毒

蕈 菇 ◀ 事 件 簿

新潟縣一家溫泉旅館的五位客人吃了擺在桌子上的兩朵火焰茸後，大約30分鐘左右就出現腹痛、嘔吐、腹瀉等腸胃不適、頭痛、四肢麻木等症狀。所有人送醫治療，3人重症住院，當中一名58歲的男性兩天後喪生。

叢生肉棒菌 ⚗️⚗️⚗️

擁有劇毒，只要一碰就會引起皮膚炎。食用的話會影響腎臟和呼吸器官，導致多器官功能衰竭，甚至引起步行及語言障礙。●肉座菌科 ●10cm（高度）●枯死的闊葉樹、地面 ●菇毒

●分類 ●體型 ●主要棲息地 ●危險之處

蕈 菇 事 件 簿

一對來自中國的留學生與他們的孩子在名古屋東山動植物園採到鱗柄白鵝膏（一說是白毒鵝膏）後用來煮湯及蒸飯。但是食用後過6小時便開始出現噁心及腹瀉等中毒症狀，之後送醫救治。然而醫生因未針對食菇中毒提供適當治療，使得孩子在58個小時後死亡。之後這對夫婦雖然轉院，但是妻子也不幸死亡。

白毒鵝膏（白毒傘）

見於夏天到秋天的蕈菇，擁有少量即可致命的劇毒。即使康復，對大腦和內臟器官依舊會留下後遺症。●鵝膏菌科 □10～24cm（高度）○闊葉林和針葉林的地面 ●菇毒

鱗柄白鵝膏

擁有劇毒的蕈菇，只要吃一朵就會致死。食用後在1～24小時內會出現嘔吐等症狀，1～3天內臟器官會敗壞。嚴重時甚至會致死。●鵝膏菌科 □14～4cm（高度）○闊葉林和針葉林的地面 ●菇毒

蕈 菇 事 件 簿

一名男子誤將 *Paralepistopsis acromelalga* 這種口蘑科蕈菇當作可以食用的松乳菇，用鍋子烹調食用之後過5天，四肢關節到手腳尖開始劇烈疼痛，宛如火燒。

紅褐杯傘

食用後過6個小時至1周手腳尖就會開始腫脹，而且劇烈疼痛會持續一個多月。冰敷可以稍微緩解症狀，但無法治愈。●口蘑科 □5～10cm（傘徑）○闊葉林、雜木林、竹林

世界上最危險的毒菇

世界上最危險的毒蘑菇是黃蓋毒鵝膏菌。在日本雖然罕見，不過在國外若是發生誤食毒菇的意外，絕大多數都是黃蓋毒鵝膏菌造成的。就算接受治療，仍有10～30%的死亡機率。這種毒菇與鱗柄白鵝膏、白毒鵝膏一樣，含有一種名叫毒傘（Amatoxin）的劇毒，有時中毒情況會嚴重到要進行肝臟移植。這種菇毒耐熱耐寒，曾有人因為食用冷凍7、8個月的黃蓋毒鵝膏菌而死亡。

▲年幼時菌蓋會闔起來，長大會舒展開來。

阿根廷裸蓋菇 ⚗

食用時會出現四肢麻痺及幻覺等症狀。在日本是管制的迷幻藥，無論摘採或食用都是非法行為。■球蓋傘科 □2～5cm（傘徑）□公園和樹林的陰涼處 ■菇毒

桔黃裸傘 ⚗

會群聚在同一個地方生長，咀嚼時有股強烈的苦味。大量食用會產生幻覺或意識不清。■絲膜菌科 □5～15cm（傘徑）□闊葉樹枯木，偶爾會出現在針葉樹的枯木上 ■菇毒

產生女巫的麥角菌

麥角菌主要寄生在黑麥上，食用之後會感到劇烈疼痛、產生幻覺，感覺好像有東西在身上爬來爬去，甚至做出奇怪的動作。因此麥角菌中毒在食用黑麥的歐洲相當常見。

順帶一提，17 世紀歐洲各地曾經出現「魔女狩獵」，被指控為女巫的人紛紛遭到迫害。這個魔女狩獵似乎與麥角菌有關。聽說當時食用麥角菌而中毒的人因為幻覺，說出自己「可以看見惡魔」或者是出現異常行為，所以這些人在當時會被視為魔女。

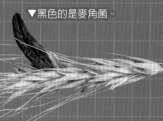

▼黑色的是麥角菌。

▶被焚燒的女性。許多被視為是魔女的人在女巫審判中被處以死刑。

某一家人誤將生長在自家的簇生垂幕菇當作可以食用的煙色離褶傘（鴻喜菇），摘下後連同茄子放入味噌湯裡煮，過一小時左右家人就陸續出現了腹瀉、嘔吐、腹痛、發燒、發冷、頭痛和無力等症狀而住院治療。

一名 53 歲的外國婦女直接生食這種蕈菇，結果第二天出現腹瀉和嘔吐症狀。隔天雖然送醫，但因有黃疸、低血壓、無尿、肝臟腫大、右側半身不遂等症狀，住院後過沒幾個小時便喪生。

簇生垂幕菇

誤食會讓人痛苦萬分的毒菇，一年四季可見蹤影。外觀與可食用的磚紅垂幕菇相似，經常發生誤食意外。■球蓋傘科 □2～5cm（傘徑） □闊葉樹和針葉樹枯木 ■菇毒

鹿花菌

菌蓋有皺褶，內部是空心。毒量多寡取決於生長環境。屬於致癌毒物，要小心。■馬鞍菌科 □5～15cm（高度） □針葉林 ■菇毒

日本三大有毒植物

不僅蕈菇類，有些植物也要注意。日本大約有 200 種有毒植物。每年都會發生將有毒植物誤以為是可以食用的山菜而導致食物中毒意外。當中的「日本三大有毒植物」更是擁有可以殺死人類的劇毒，絕不可誤食。

馬桑
除了果實，整株植物也有毒

毒芹

日本烏頭（*Aconitum japonicum*）
經常誤以為是可以食用的鵝掌草（三輪草），不慎食用會致死。

鵝掌草（可食用）

日本烏頭（有毒）

日本烏頭的毒會導致呼吸肌麻痺及心臟麻痺。日本北海道的阿伊努人獵熊時就是在箭上塗抹這種毒。馬桑則會誤以為香甜的紅色果實是可食用，因而引起意外發生。毒芹外形與可食用的水芹相似，而且這兩者通常會生長在同一個地方，要多加留意。毒芹沒有食用水芹的獨特氣味，以碩大根部為特徵。

◀毒芹的根比水芹大，內部類似竹筍節。

海洋的危險生物

覆蓋地球表面將近 70% 的海洋裡棲息著各種生物，從魚類到水母都有。除了鯊魚和鯨魚等大型生物，還有許多帶有劇毒的小型危險生物，所以在海裡游泳或海釣時都要特別小心。

大白鯊 🐾🐾🐾

所有鯊魚中最危險、體型最龐大的一種。會在海面附近慢慢環繞，一旦發現獵物，就會加快速度衝過去。□鼠鯊科 ■6.4m ■全世界的溫帶及熱帶海域 □牙齒

Q 鯊魚為什麼會攻擊人類？

A 大白鯊通常會捕食海豹和海狗等在海裡生活的哺乳動物。而從海底往上看時，在海裡游泳的人類因為陽光的照射而變成黑影，讓鯊魚以為是海豹和海狗，因此有人猜測牠們是不是誤將人類當作獵物而攻擊。另外，好奇心旺盛的大白鯊有時也會為了確認眼前的物體是否為獵物而試咬一口。

平時會在海面附近游泳。

▲羅德尼‧福克斯在1963年因被大白鯊襲擊
而受重傷，嚴重的傷勢讓他縫了462針，但卻
奇蹟般地活了下來。

生物
角 **銳利牙齒的祕密**

大白鯊的牙齒呈銳利的三角形，可以緊
緊咬住獵物不放。仔細觀察，會發現牠
們的牙齒邊緣呈鋸齒狀。

▲大白鯊的牙齒。

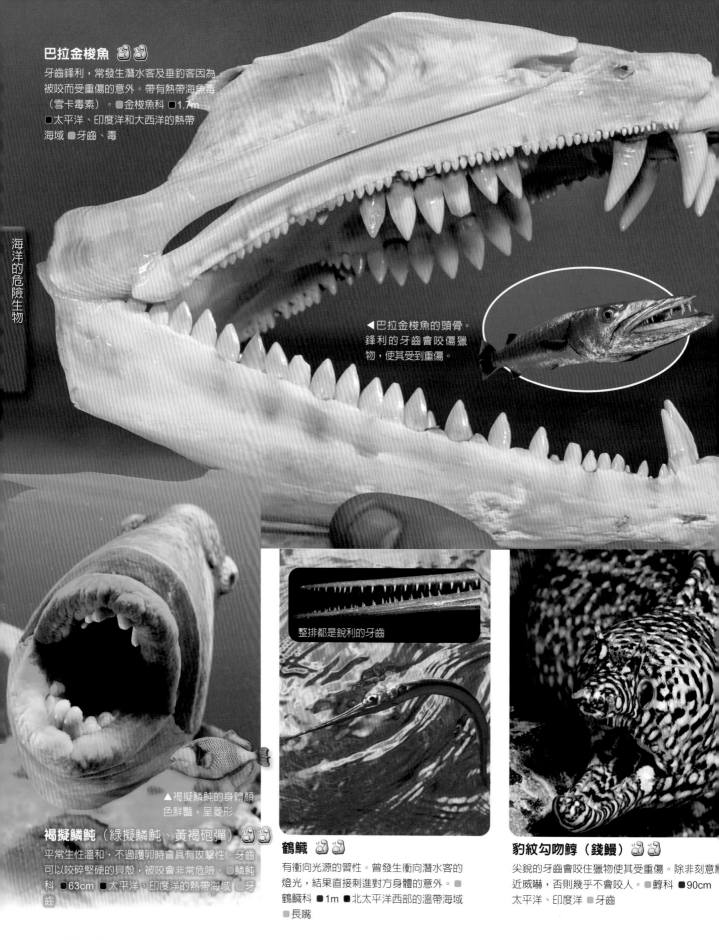

巴拉金梭魚 👊👊

牙齒鋒利，常發生潛水客及垂釣客因為被咬而受重傷的意外。帶有熱帶海魚毒（雪卡毒素）。■金梭魚科 ■1.7m ■太平洋、印度洋和大西洋的熱帶海域 ■牙齒、毒

◀巴拉金梭魚的頭骨。鋒利的牙齒會咬傷獵物，使其受到重傷。

整排都是銳利的牙齒

▲褐擬鱗魨的身體顏色鮮豔，呈菱形

褐擬鱗魨（綠擬鱗魨、黃褐砲彈）👊👊

平常生性溫和，不過護卵時會具有攻擊性。牙齒可以咬碎堅硬的貝殼，被咬會非常危險。■鱗魨科 ■63cm ■太平洋、印度洋的熱帶海域 ■牙齒

鶴鱵 👊👊

有衝向光源的習性。曾發生衝向潛水客的燈光，結果直接刺進對方身體的意外。■鶴鱵科 ■1m ■北太平洋西部的溫帶海域 ■長嘴

豹紋勾吻鯙（錢鰻）👊👊

尖銳的牙齒會咬住獵物使其受重傷。除非刻意靠近威嚇，否則幾乎不會咬人。■鯙科 ■90cm ■太平洋、印度洋 ■牙齒

■分類 ■體型 ■主要棲息地 ■危險之處

平鰭旗魚（雨傘旗魚）🐟🐟🐟
擁有尖銳的劍狀長嘴，可以利用敲擊或插刺方式來抓魚。有些旗魚會利用牠們的長嘴刺殺人類。▢旗魚科 ■3.3m ■印度洋和太平洋的溫帶及熱帶海域 ▢長嘴

有位夏威夷漁夫在試圖捕捉劍旗魚（劍魚）時被刺傷胸部，不幸身亡。

叼住人類，奮力甩動！

龍膽石斑（鞍帶石斑魚）🐟🐟
體重可達400公斤的巨型魚，南太平洋傳聞這種魚可以將人類整個吞下。潛水客若是被咬，恐會陷入慘遭甩動的危險之中。■鮨科 ▢2m ▢印度洋、太平洋 ■大嘴

北海獅 🐾🐾🐾

海獅類生物當中體型最大的一種。獠牙非常鋒利，被咬會有危險。會捕食被漁網困住的魚，造成漁業災害。■海獅科 □2.3～2.8m、263～566kg □北太平洋 ■獠牙

▲南方象鼻海豹與北海獅的公海豹體型會比母海豹大一圈，而且身旁會圍繞著許多母海豹。

南方象鼻海豹 🐾🐾🐾

世界上體型最大的海豹。公海豹通常會為了爭奪母海豹而撞擊或咬住對方。人類若遭到攻擊，即有可能受重傷。■海豹科 □2.6～4.5m、400kg～4t □南極海域一帶 ■龐大身軀、牙齒

比犀牛還重的龐大身軀相撞！

▲成年公海豹的身體往往因為戰鬥而傷痕累累。

□分類 ■體型 ■主要棲息地 □危險之處

越前水母（野村水母）

直徑達2m的巨型水母。曾經大量出現，破壞漁網，或者從刺胞球這個囊狀器官發射毒針，刺傷在海裡戲水的遊客。●根口水母科 ◻2m（直徑） ◻渤海、黃海、東海、日本海 ●大量出現、刺胞球

為什麼
水母會大量出現？

A 其中一個原因，就是人類過度捕捉魚類，使得那些以幼小越前水母為食的天敵魚，還有和越前水母一樣以浮游生物為食的魚類減少而造成。搶食的競爭對手一旦減少，食物就不會匱乏，如此一來越前水母就會暴增。而另一個原因，推測應該是海洋汙染導致海中養分增加造成的。

藍紋章魚 🧪🧪🧪

唾液中含有河豚毒素（Tetrodotoxin）。咬住獵物時，這種劇毒可使其麻痺。人類若是被咬，極有可能危及生命，要小心。●章魚科 ◻12cm ◻西太平洋的熱帶和亞熱帶海域 ●毒

劇毒章魚兄弟 除藍紋章魚外，帶有劇毒的章魚還包括小藍圈章魚（豹斑章魚）和大藍圈章魚。這些章魚的圖案都非常相似，但只要仔細觀察，就會發現牠們身上的圖案各不相同。據說很多被藍紋章魚咬傷致死的意外其實都是大藍圈章魚造成的。

◀大藍圈章魚的毒和藍紋章魚一樣。

▶小藍圈章魚身上的花紋比大藍圈章魚小。

美洲大赤魷 🦑🦑

包括腕在內體長將近2m的巨大魷魚。有時深夜會因對潛水客身上的燈光產生反應而襲擊。●真魷科 ▢1.75m ▢太平洋東部 ●帶有吸盤的觸腕

吸盤內部是一個帶有尖齒的環圈。

海洋的危險生物

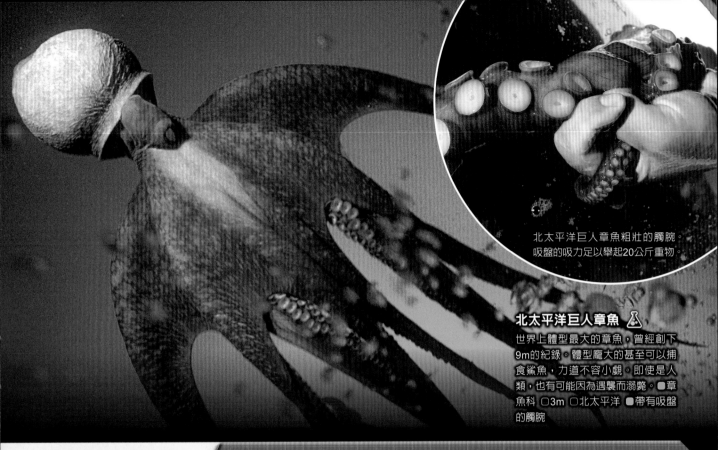

北太平洋巨人章魚粗壯的觸腕。
吸盤的吸力足以舉起20公斤重物。

北太平洋巨人章魚 🧪

世界上體型最大的章魚，曾經創下
9m的紀錄。體型龐大的甚至可以捕
食鯊魚，力道不容小覷。即使是人
類，也有可能因為遇襲而溺斃。■章
魚科 □3m ■北太平洋 ■帶有吸盤
的觸腕

食用會帶來危險的海洋生物

日本在 2005 年至 2019 年這段期間有 495
人因為食用河豚而中毒，當中有 13 人喪生。
烹調河豚需要執照，而外行人處理河豚更是
一件非常危險的事。海洋生物固然美味，但
是有些帶毒，所以在吃不熟悉的魚類時一定
要小心。

紅鰭多紀魨（虎河魨、氣規、規仔）🧪🧪🧪

相當受歡迎的高級食用魚。不過內臟器官帶有河
豚毒素，特別是肝臟和卵巢的毒性格外強烈。■
四齒魨科 □70cm ■黃海～東海、日本沿岸的太
平洋、大西洋 ■毒

紫色多紀魨（正河魨）🧪🧪🧪

肝臟和卵巢帶有劇毒，皮膚和腸子也有強毒。
河豚的毒屬於神經毒素，會導致身體麻痺，呼
吸困難。■四齒魨科 □45cm ■日本海、東海
■毒

史氏東方魨
🧪🧪🧪

肝臟和卵巢帶有劇毒，皮膚
和腸子也有強毒。有時連魚肉也會帶毒。■四齒魨科
□30cm ■黃海～南海 ■毒

薔薇帶鰆（油魚、圓鱈）🧪

肉中含有豐富的蠟質，過量食用會引起腹瀉。■帶鰆科 □1.5m ■全世界的
溫帶及熱帶海域 ■蠟質

花紋愛潔蟹 🧪🧪🧪

生活於淺海，在海邊戲水時偶爾
會看見。蟹肉帶毒，食用的話舌
頭會麻痺，甚至呼吸困難。■扇
蟹科 □3.5cm（甲殼寬度）□印
度洋～西太平洋 ■毒

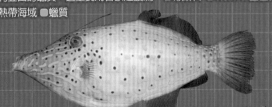

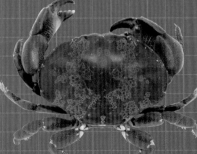

長尾革單刺魨（海掃手、掃帚竹〔臺東〕、達仔〔澎湖〕）🧪🧪🧪

內臟帶有砂葵毒素，吃了會導致手腳麻痺、呼吸困難甚至死亡，毒性相當
劇烈，要注意。■單刺魨科 □75cm ■全世界的熱帶海域 ■毒

龐然超大生物

體型超過

小宮園長的提醒

生活在海裡的鯨魚有許多都是超級
巨大的生物，體型比陸地上最大動
物非洲象超出許多。要是撞上如此
龐大的身軀，後果恐怕不堪設想。

藍鯨 🖐🖐🖐

世界最大的動物。雖然不會直接攻擊人類，但若
不經意地乘船經過，就會陷入遭到巨尾攻擊的危
險之中。●鬚鯨科 ●33m（最大）、190t ●世
界各地的海洋 ●巨大的尾巴

抹香鯨 🖐🖐🖐

體型最大的齒鯨。為了呼吸而浮出海面的抹香鯨有時
會不慎把船撞沉。●抹香鯨科 ●12～19m、35～50t
●世界各地的海洋 ●龐大身軀

Q 鯨魚會攻擊人類嗎？

A 鯨魚通常不會攻擊人類。只是近年來船隻與鯨魚相撞事件頻傳，不是小型遊艇被衝出海面的鯨魚壓壞，就是觀光船與鯨魚相撞而導致乘客死亡。這種情況應該是鯨魚數量增加，以及船速變快造成的。

全長最大超過30m的藍鯨是地球歷史上最大的動物。

危險生物專欄　鬚鯨和齒鯨

鯨魚分為鬚鯨和齒鯨。藍鯨之類的鬚鯨嘴邊有鬚鬚，進食時可過濾掉小魚和磷蝦等小生物。抹香鯨之類的齒鯨有牙齒，可以捕食魷魚等大型動物。

Q 鯨魚的死骸為何會爆炸？

A 那是內臟腐爛後在體內產生氣體而來。鯨魚的死骸通常會被海中其他各種生物吃光。可是完整的死骸一旦在海岸或港口擱淺，體內就會因為囤積過多氣體，最後整個大爆炸。

丹麥某座島嶼的鯨魚死骸爆炸那一刻。2013 年，有位海洋生物學家正準備解剖一頭被沖上岸的抹香鯨時，屍體突然爆炸。

高度智慧捕捉獵物！

海上幫派

▲以母鯨為中心的群居動物。

⚠ 小宮園長的提醒

虎鯨以高智商聞名。牠們會施展高超的狩獵技巧，例如先掌握海洋狀況或者是發揮完美的團隊精神來捕捉獵物。

Q 虎鯨為什麼要衝到陸地上？

A 這麼做的目的是為了獵食海獅的同類，南海獅。生活在阿根廷海域的虎鯨會挑選容易狩獵的漲潮時段，以相當猛烈的速度從海中衝向在海浪邊緣的南海獅。

虎鯨 🦭🦭🦭

人稱「海上黑幫」，即使是體型比自己大的鯨魚，也會發揮團隊精神，襲擊捕食。像是飼養在水族館裡的虎鯨就曾發生過襲擊人類事件。●海豚科 ○7〜8m、7.2t ○世界各地的海洋 ●牙齒、智慧

Q 虎鯨會攻擊鯨魚嗎？

A 虎鯨主要捕食海獅和魚類，偶爾會捕捉幼年或體弱的鯨魚為食。牠們會騎在獵物身上或者咬住尾鰭拉扯，甚至阻止鯨魚浮出海面呼吸，這樣窒息而死的鯨魚就會成為牠們的食物。

正在攻擊年輕灰鯨的虎鯨。

為了把冰上的海豹推到海裡而從海面探出頭來觀察情況的虎鯨。

發揮團隊精神，圍捕冰上的獵物！虎鯨漂亮的狩獵技術

將冰上的獵物包圍起來！

數頭繞到冰塊的另一端，迅速游泳，製造波浪。

當獵物因為海浪而跌入海裡時，在旁等待的虎鯨就會伺機捕捉。

致命一擊！強壯豪腕

蝦類及蟹類等甲殼動物當中，有一些擁有可媲美大力士的強壯豪腕。但正確來講，那是甲殼動物的「腳」，不是「手臂」。只要秀出這些腳，就能輕易剪斷人類的手指，要小心。

蟬形齒指蝦蛄 🦐🦐

生活在沖繩珊瑚礁中的蝦蛄同類。強健的前腳可以粉碎堅硬的貝殼，輕鬆打破水族箱的玻璃。●齒指蝦蛄科□18cm □西太平洋、印度洋 ●掠食足

Q 為什麼牠們可以粉碎堅硬的貝殼？

A 蟬形齒指蝦蛄擁有一雙硬如榔頭的腳，稱為「掠食足」，可以一拳打碎貝類的外殼，而且揮拳速度超過時速80km。

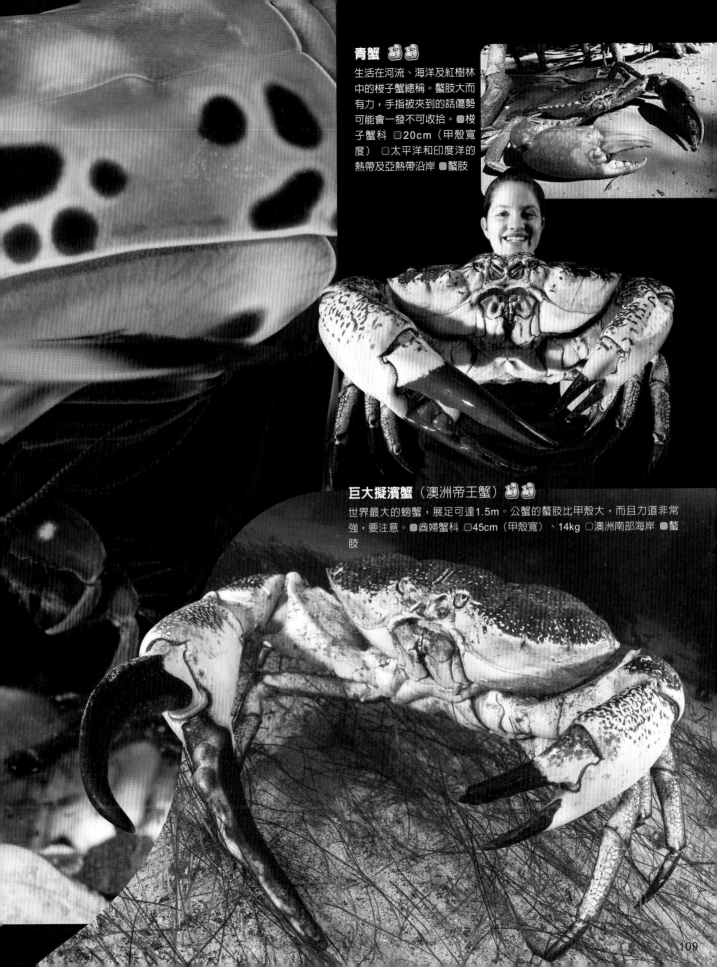

青蟹 🦀🦀

生活在河流、海洋及紅樹林中的梭子蟹總稱。螯肢大而有力，手指被夾到的話傷勢可能會一發不可收拾。●梭子蟹科 □20cm（甲殼寬度）□太平洋和印度洋的熱帶及亞熱帶沿岸 ●螯肢

巨大擬濱蟹（澳洲帝王蟹）🦀🦀

世界最大的螃蟹，展足可達1.5m。公蟹的螯肢比甲殼大，而且力道非常強，要注意。●酋婦蟹科 □45cm（甲殼寬）、14kg □澳洲南部海岸 ●螯肢

毒刺

當心海中狠毒生物！

⚠ 小宮園長的提醒

海洋生物中要特別注意的是擁有「毒棘」，也就是毒刺的生物。除了魚、鱝科魚類以及海膽，水母也有刺。水母的觸鬚有「刺絲胞」，內含毒針。在海裡戲水時經常會遇到這些帶刺的危險生物，所以一定要小心。

Q 為什麼會有毒刺？

A 魚身上的硬刺應該是為了保護自己。有毒刺的魚雖然不會攻擊人類，但在生命受到威脅或者人類釣魚時不知不覺太靠近，還是會被刺傷的。

毒棘

▲ 從側面看玫瑰毒鮋。背鰭上有許多硬刺。

玫瑰毒鮋（石頭魚、虎魚）

被鰭上的硬刺刺到會劇烈疼痛，傷口腫脹，有時會呼吸困難或痙攣，甚至致死。外觀看似石頭，不慎踩到會被咬。◯鮋科 ◯30cm ◯西太平洋、印度洋 ◯毒刺

雄的無刺蝠鱝會從海中躍
出海面。這是對異性的求
偶行為。

無刺蝠鱝 🧪🧪

無刺蝠鱝是印度蝠鱝的近親。以繁殖季節
成群移動而聞名。從照片可以看出這大量
的魟魚有好幾層。尾部的硬刺有毒。■鱝
科 □2.2m（寬） □加洲灣、厄瓜多爾海
岸、加拉巴哥群島 ●毒刺

赤魟（牛尾魟）🧪🧪🧪

熟悉的魟魚，在海灘上挖蛤蜊時也會看
到。尾巴中段的硬棘有劇毒，被刺到有
時會致死。□魟科 ■88cm（寬）■北海
道～九州／東海～南海 ●毒刺

▲赤魟的硬刺呈鋸齒狀，刺不易拔出。

毒棘

硬刺在尾巴中間。

大量產生，影響珊瑚生態

要是棘冠海星數量異常，把珊瑚都吃光，附生在珊瑚上的其他生物就無法生存。因此只要棘冠海星大量出現，當地政府及居民就會攜手合作加以清除，以保護珊瑚。

清除大量棘冠海星的潛水客。大量產生的原因未明。

刺冠海膽 ⚗

大型海膽，細長的硬刺有毒，而且硬刺有時會從岩石和珊瑚之間的縫隙中露出來，要小心。●冠海膽科 □5～9cm（外殼）□西太平洋、印度洋 ●毒刺

棘冠海星 ⚗⚗⚗

身體的硬刺有毒，被螫會感到劇痛，曾經有人因此喪命。要是大量發生，就會吃掉所有的珊瑚。●長棘海星科 □30～60cm □西太平洋、印度洋 ●毒刺

🧪🧪🧪
澳洲箱形水母（鐘型水母、海黃蜂）
毒性最強的水母，威力大到足以殺死60多人。
只要一碰到觸鬚，刺胞球就會發射毒刺。●箱形
水母科 □3m □印度洋南部～澳洲西海岸 ●刺
絲胞

▲左側照片是人類被澳洲箱形水母觸鬚碰到的腳。
碰到的地方會潰爛。這種水母出現的海域旁都會立
告示牌提醒大家注意。

毒性沙海葵 🧪🧪🧪
動物界中毒性最強的生物。體內的砂葵毒素毒
性是河豚魚的70倍，古時候的夏威夷人會將
這種毒藥塗在長矛上。●楔群海葵科 □
3.5cm □夏威夷群島的海洋 ●毒

僧帽水母 🧪🧪🧪
被螫時會宛如觸電般疼痛，
故又稱為「電水母」。觸鬚
的刺胞球帶有毒針，被刺時
嚴重會致命。觸鬚伸展開來
可達10m。●僧帽水母科
□10m □全世界的溫帶及
熱帶海域 ●刺絲胞

**Q 會有生物
用毒殺死獵物嗎？**

A 一些帶有毒性的海洋生物會用毒液捕殺獵物，例如
101頁的藍紋章魚。這類生物以水母和貝類居多。
有些毒性足以殺死人類，要是在海裡看到牠們，千萬不要
隨意觸摸。

▼企圖用毒針捕食獵物
的芋螺同類。

殺手芋螺 🧪🧪🧪
會用一種名叫齒舌的毒針刺穿獵
物，使其動彈不得之後再吞噬。
毒性很強，曾有人因此喪命。●
芋螺科 □10cm □太平洋、印度
洋 ●牙齒

115

大白鯊 vs. 虎鯨

作為電影《大白鯊》中巨型食人鯊原型
而為人所知的大白鯊是典型危險海洋生
物。另外，擁有高智商的虎鯨其實也是
一種會攻擊飼養員的可怕獵人。如果大
白鯊和虎鯨碰面，誰會比較強呢？

虎鯨	虎鯨	虎鯨
8m	7200kg	時速48km
大小	重量	速度
大白鯊	大白鯊	大白鯊
6.5m	2300kg	時速24km

！ 這一頁模擬了野外難得一見的危險生物對抗賽。對決的結果只是一個可能性，並非絕對。

大白鯊

除了海豹、海狗和海豚等海洋哺乳動物,大白鯊還會捕食其他魚類,有時也吃鯨魚死骸。年幼的大白鯊可能會被其他大鯊魚吃掉,可是只要長大就幾乎沒有天敵。習慣咬住不熟悉的物體,以確認是否為獵物。

尖利的牙齒及敏銳的嗅覺

大白鯊的三角形牙齒鋒利如刀,用強而有力的下巴咬住後就可將獵物大卸八塊。嗅覺很敏銳,即使100公升水中的一滴血,也能偵測到獵物位置。

虎鯨

生活在世界各地的海洋中。體型雖龐大,但游泳速度在所有海洋哺乳動物中可說是頂尖好手。平時約有30頭群居生活。幼鯨會從母親身上學習如何打獵。虎鯨和海豚及鯨魚一樣,可以從頭部發出「喀答聲」,藉此掌握獵物位置。

高智商和權力

虎鯨智商相當高,會根據獵物擬定戰略。另外,超過8m的龐大身軀還富有壓倒性的力量。牠們是最強大的海洋生物之一,所以才會以「Orcinus orca」為學名,意思是「來自另一個世界的怪物」。

危險生物要是打起來……?

總評 虎鯨壓倒性獲勝

即使是大白鯊,恐怕未必有機會應付虎鯨。因為不管是大小、重量還是速度,虎鯨各方面都比大白鯊出色。此外,部分鯊魚有一個習性,那就是身體被上下翻轉之後會靜止不動。虎鯨似乎已經發現到大白鯊這種特性,所以有時會朝大白鯊暴衝,讓牠們因為翻身而無法動彈。靜止不動的大白鯊會被虎鯨四分五裂,讓這場打鬥毫無懸念地劃下句號。1997年,一條虎鯨在美國加州附近的大洋獵殺大白鯊的場景被記錄下來。聽說當時這兩種生物碰面之後就消失在海裡,過沒多久便看到虎鯨嘴裡叼著大白鯊的屍體浮出海面。

鯊魚

鯊魚的特徵

以大型獵物為食的鯊魚其牙齒尖銳，
可以撕裂獵物的肉。牠們的牙齒朝口
腔內部生長，這樣咬住的獵物就會無
法掙脫。下顎力道非常強，以大白鯊
（→ 96 頁）為例，就曾經有研究報
告指出牠們的咬合力可達 178kg。

大鼻真鯊（大鼻白眼鮫、高翅真鯊）
見於世界各地的暖洋中。好奇心旺盛，有時會接近
潛水客，但是興奮起來會很危險，目前已經確認有
人類因牠而身亡。●真鯊科 ○3m ○全世界的熱帶
島嶼沿岸 ●牙齒

●分類 ○體型 ○主要棲息地 ●危險之處

尖吻鯖鯊（馬加鯊） 🦈🦈

游泳速度最快的鯊魚，時速可達35公里。生性凶猛，經常發生襲擊人類事故。◼鼠鯊科◻4m ◻全世界的熱帶及溫帶海域 ◼牙齒

太平洋鼠鯊 🦈🦈

具有保持較高體溫的特殊機制，即使在水溫較低的海域，照樣能夠活躍游動。鮮少攻擊人類，但還是有危險性。◼鼠鯊科 ◻3m ◻北太平洋、白令海 ◼牙齒

危險生物專欄　體溫高，游泳速度會更快？

大多數的魚都是變溫動物，所以牠們的體溫會與周圍水溫相同。可是鮪魚類、尖吻鯖鯊以及大白鯊等部分鯊魚卻能保持比周遭水溫高 5 ～ 15℃的體溫。體溫越高，肌肉就會越活絡。正因如此，體溫高的鯊魚才會游得比其他魚類快，而且距離也

鼬鯊 🦈🦈🦈

與人類發生事故的次數僅次於大白鯊。經常在淺水域活動，因此潛水或衝浪時要特別小心。■真鯊科 □4m □全世界的熱帶及亞熱帶海域 ■牙齒

短尾真鯊（短尾白眼鮫）🦈🦈

游泳迅速、相當活躍的鯊魚。未曾發生致死事故，但在澳洲及紐西蘭卻曾襲擊海灘遊客。■真鯊科 □3.3m □全世界的溫帶海域 ■牙齒

鈍吻真鯊（黑尾真鯊、灰礁鯊）🦈🦈

經常在珊瑚礁附近海域迴游。好奇心旺盛，有時會接近潛水客。習慣彎背恐嚇對方。■真鯊科 ■2.6m ■印度洋、西太平洋、紅海的熱帶及亞熱帶沿岸 ■牙齒

鈍吻真鯊

危險之處！

彎背姿勢是警告對方「再靠近就要攻擊了」的信號，所以遇見時不要靠太近。

黑邊鰭真鯊（黑邊鰭白眼鮫）🐾🐾🐾
有衝向魚群的習性。生性膽小，不會接近潛水客，但卻撞擊沖浪客。■真鯊科 □2.5m □全世界的熱帶及亞熱帶沿海地區 ■牙齒

公牛真鯊（公牛白眼鮫、低鰭真鯊）🐾🐾🐾
有些生活在淺海、河口及亞馬遜河等大河中。最令人恐懼的鯊魚之一，遇見人類的機會多，經常造成意外。■真鯊科 ●3.4m ●全世界的熱帶及溫帶淺海地區 ■牙齒

其實是隻個性溫和的巨鯊

鯊魚是體型最大的魚類。當中的大白鯊和虎鯊屬於大型鯊，但是還有體型更大的鯊魚。不過他們都是個性溫和的鯊魚，以小型浮游生物為食，與龐大身軀聯想的印象完全不同。

象鯊（象鮫、姥鯊）
偶爾體長可達10m。動作緩慢，鮮少對接近的物體有警戒心，因此有時會與船隻相撞。

巨口鯊（大口鯊）
擁有大嘴、全長5m的鯊魚。白天生活在200m左右的深海中，晚上會浮出海面。

鯨鯊（豆腐鯊、大憨鯊）
世界上最大的魚，全長12m。會連同海水吸食浮游生物，曾不小心誤將潛水客吸進肚裡。

形形色色的鯊魚牙齒

鯊魚只要缺一顆牙齒就會整排掉落，讓長出的新牙往前輪替。
齒形大致可以分為四種。

◀ 鉸口鯊等以貝類和螃蟹為主食的鯊魚牙齒形狀扁平，成簇排列，比較容易咬碎硬殼。

◀ 尖吻鯖鯊等以小魚為主食的鯊魚牙齒形狀如針，容易捕捉到細小易滑的獵物。

◀ 大白鯊等以大型獵物為主食的鯊魚牙齒呈三角形，邊緣為鋸齒狀，容易將肉撕裂。

◀ 鯨鯊和象鯊等以浮游生物為食的鯊魚擁有許多細小的牙齒，不過這類鯊魚通常會將食物直接吞下肚去，所以用不到牙齒。

灰色真鯊（灰色白眼鮫、暗體真鯊）

廣泛分布於世界各溫暖海域的真鯊。導致的意外雖然只有數例，但因體型龐大，遭到攻擊還是會收關性命。●真鯊科　□4m　■全世界的熱帶及溫帶海域　●牙齒

烏翅真鯊（汙翅真鯊、汙翅白眼鮫）

珊瑚礁海域最常見的小型鯊。生性膽小，不太會構成危險，但偶爾還是會咬人。●真鯊科　□1.8m　■太平洋～印度洋的熱帶和亞熱帶海域　●牙齒

白邊鰭真鯊
（白邊鰭白眼鮫、白邊真鯊）

棲息於珊瑚礁海域的鯊魚。雖然未曾發生過致命事故，但好奇心旺盛，會靠近潛水客，還是要注意。●真鯊科　□3m　■太平洋、大西洋、印度洋的熱帶海域　●牙齒

汙斑白眼鮫（長鰭真鯊） 🦈🦈🦈
棲息於遠離陸地的海洋中。因在大洋，鮮少發生事
故，但聽說會襲擊因為船隻遇難而落水的人類。■真
鯊科 □4m □全世界的熱帶及溫帶海域 ■牙齒

灰三齒鯊（鱟鮫） 🦈
大多群居，白天棲息在珊瑚礁及岩石縫隙之
間，晚上活動力強。生性溫和，但受到刺激時
還是會攻擊。■真鯊科 □2m □太平洋及印度
洋的熱帶海域、紅海 ■牙齒

薔薇白眼鮫（直齒真鯊、短鰭真鯊） 🦈🦈
棲息於近海的鯊魚。游泳迅速，習慣一邊洄游，一邊追逐
魚群。興奮時會危害人類。■真鯊科 ■3m ■全世界東太
平洋以外的熱帶及溫帶海域 ■牙齒

檸檬鯊（短吻檸檬鯊）

身體呈黃色，故以檸檬為名。興奮時會危害人類，但基本上生性溫和。■真鯊科 □3m □東太平洋和大西洋的熱帶及溫帶海域 ■牙齒

大青鯊（鋸峰齒鯊）

主要生活在大洋的鯊魚，以長長的胸鰭為特徵。富攻擊性，經常引發事故。魚鰭可做成魚翅等食材。■真鯊科 ■4m ■全世界的熱帶及溫帶海域 ■牙齒

錐齒鯊（戟齒砂鮫）

呲牙咧嘴的長相固然可怕，但是本性非常溫和。不過興奮時還是會咬住人類。■砂錐齒鯊科 ■3m ■全世界的熱帶及溫帶海域（東太平洋除外）■牙齒

紅肉丫髻鮫（路易氏雙髻鯊、雙髻鯊、雙過仔）

肉呈紅色，故以此為名。習慣以海底的螃蟹和魟魚為食，就連硬刺帶有劇毒的赤魟也能毫不猶豫地吃掉。■雙髻鯊科 ■4m ■全世界的熱帶及溫帶海域 ■牙齒

用電波探測獵物

鯊魚的頭上布滿了小小的孔洞，這叫做「羅倫氏壺腹」，是一種電感受器，可以捕捉魚類等獵物身體發出的電波。所以鯊魚不僅擁有敏銳的嗅覺，還能透過電波來搜尋獵物。

▲感受獵物電波的示意圖。鯊魚可以利用這種方法找到躲在沙中的魟魚。

▲紅肉丫髻鮫的頭部，小小的孔洞是羅倫氏壺腹。雙髻鯊科的羅倫氏壺腹特別發達。

當心！經常引發重大事故的鯊魚 TOP 3

鯊魚往往讓人以為是危險生物，但在這將近 490 種鯊魚中，會危害人類的頂多 30 種，例如大白鯊、虎鯊還有公牛真鯊。而大多數的鯊魚事故通常是在進行衝浪等休閒活動時發生的。

1580年到2021年3月鯊魚導致的嚴重事故件數 資料來源：佛羅里達自然史博物館網站

虎鯊：34件

大白鯊：52件

公牛真鯊：25件

日本異齒鯊（寬紋虎鯊、角鯊）
棲息於海底、不常活動的鯊魚。個性雖然溫和，不過背鰭前面的硬刺略帶毒性。■異齒鯊科 ■1.2m ■本州南部／東海、黃海 ■毒刺

◀卵的形狀像鑽頭，可以卡在岩石上，不易被沖走。

油夷鯊（扁頭哈那鯊）
會捕食其他種類的鯊魚、海豹及海豚等大型動物。即使是飼養在水族館裡，也曾發生過襲擊人類事件。
■六鰓鯊科 ■3m ■全世界的溫帶海域 ■牙齒

鉸口鯊
白天會在淺水域的礁石區休息，到了晚上再出來活動。興奮時會發動攻擊，而且咬合力強，極有可能受重傷。■鉸口鯊科 ■3m ■東太平洋、大西洋的熱帶及亞熱帶海域 ■牙齒

125

世界劇毒生物排行榜

有些動物會用劇毒來捕捉獵物或保護自己。分泌的毒有會導致大量出血的「出血性毒」、讓身體麻痺的「神經毒素」，以及混合出血性毒與神經毒素的「混合毒」。接下來讓我們針對毒性的強烈來看看劇毒生物的排名。

毒性的強弱以氰化鉀為標準來表示。

氰化鉀
致死劑量※　　　10mg/kg
1倍

這一節以氰化鉀這個人人皆知的毒物為毒液的衡量標準。氰化鉀的致死量為10mg/kg。因此我們以氰化鉀的毒性為1，來看看這些劇毒生物的毒性到底是幾倍。

▲東部菱背響尾蛇分泌的毒液。毒性的種類是會破壞血管、導致大量出血的「出血性毒」。

那個有毒生物排行第幾呢？

知名的有毒生物所分泌之毒液到底有多強呢？若只比較毒性強弱，其實是進不了前三十的。

No.50　混合毒
捕鳥蛛
致死劑量　　56.0mg/kg
0.2倍

捕鳥蛛的同類（狼蛛）是眾所皆知的毒蜘蛛，不過毒性弱，幾乎無法殺死人類。

No.41　混合毒
虎頭蜂
致死劑量　　2.5mg/kg
4倍

毒力不強，但每年還是會有人因被螫第二次所引起的「過敏性休克」而死亡。

No.4　神經毒素
金色箭毒蛙
致死劑量　　0.005mg/kg
2000倍

要是被沾上這隻青蛙毒液的箭射中，就會瞬間麻痺癱瘓。

No.37　神經毒素
眼鏡王蛇
致死劑量　　1.7mg/kg
6倍

毒性在毒蛇中沒有那麼強烈，但是注入大量毒液的話致死率還是可以高達75%。

No.35　出血性毒
日本蝮蛇
致死劑量　　1.5mg/kg
7倍

日本具代表性的毒蛇。注入的毒量雖然不大，但每年還是約有10人因其身亡。

No.10　神經毒素
細鱗太攀蛇
致死劑量　　0.025mg/kg
400倍

要是被咬，就算是大人，也會在45分鐘內喪命。

No.9　神經毒素
藍紋章魚
致死劑量　　0.02mg/kg
500倍

咬一口所分泌的毒液足以殺死7個人。

神經毒素

👑 No.1

毒性沙海葵

致死劑量 0.0001 mg/kg

100000倍

劇毒生物中的頂尖殺手。擁有氰化鉀10萬倍的猛烈劇毒。

No.3

神經毒素

黑頭林鵙鶲

致死劑量 0.002 mg/kg

5000倍

只要將10mg的毒液注射到老鼠體內，不到20分鐘即可將其殺死。

No.2

混合毒

澳洲箱形水母

致死劑量 0.001 mg/kg

10000倍

澳洲曾經發生有位孩童被刺之後不到1個小時隨即死亡的意外。

No.6

No.5

No.8

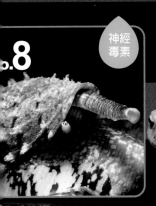

神經毒素

殺手芋螺

致死劑量 0.012 mg/kg

830倍

毒性非常危險，小魚數秒、

No.7

神經毒素

紅腹清螈

致死劑量 0.01 mg/kg

1000倍

為了保護自己，不管是皮膚、

混合毒

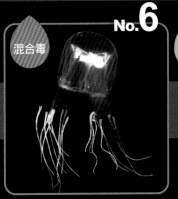

箱形水母（波布水母）

致死劑量 0.008 mg/kg

1250倍

棲息於沖繩海域。曾發生孩

神經毒素

日本紅螯蛛

致死劑量 0.005 mg/kg

2000倍

毒性雖然強烈，但注入的量

河畔的危險生物

河川與水邊綠意盎然，水源充沛，往往會吸引各種生物前來此處尋求食物及水。因此來到此處時，除了河馬、鱷魚等巨大凶猛的動物，還要提防帶有毒或電等特殊能力的小動物。

河馬 🐾🐾🐾

白天會泡在水裡休息，晚上會上岸吃草。龐大的嘴巴力道強到足以把人類的脊柱折斷，可見靠近河馬是一件非常危險的事。■河馬科 ■4.3～5.2m、3.0～4.5t □撒哈拉沙漠以南的非洲 ■巨大的嘴巴

河馬習慣搖擺尾巴潑灑糞便。這麼做的目的是為了標明勢力範圍。

Q 河馬在什麼情況之下會變得兇猛？

A 其實河馬是一種非常兇猛的動物，在繁殖季節攻擊性特別強。每隻公河馬都有自己的勢力範圍，會猛烈攻擊任何入侵的動物，即使是鱷魚和獅子也會被趕走。聽說生產過的母河馬脾氣會比公河馬來的暴躁。

危險生物專欄 非洲最危險的動物

在非洲，很多人因為河馬而失去性命。尤其是河馬上岸吃草的夜晚一片漆黑，要是在不知不覺的情況下靠近河馬，就會非常容易發生意外。令人屏息的力量以及時速 40 公里的奔跑速度，讓河馬成為人們口中最危險的生物。

▲河馬在吃東西的時候有位公園管理員不慎惹火了牠，結果被河馬追著跑。

擁有哺乳動物中最大的下顎，可以獵殺鱷魚。

嘴裡有一排銳利牙齒的食人魚。除了鋒利的牙齒，力道強勁的下顎也要注意。

紅腹食人魚 👊👊
（納氏臀點脂鯉）

以死魚和動物屍體為食的肉食性魚類。不過生性膽小不會突然襲擊人類。●鋸脂鯉科 ●25cm ●亞馬遜河及其支流 ●牙齒

卷鬚寄生鯰 👊👊
（牙籤魚、藍色吸血）

生活在亞馬遜河中的一群小型鯰魚總稱。會從鰓蓋鑽進獵物魚的身體內，啃食牠的肉。據說也會鑽進人體內，但是真是假，不得而知。●毛鼻鯰科 ●58mm ●亞馬遜河 ●嘴巴

◀正在吞噬羊隻死骸的紅腹食人魚。即使是大型動物，照樣兩三口就只剩骨頭。

比美水獺

以魚為主食，也吃兩棲動物、龜類和小龍蝦。有
時甚至會露出凶猛的一面，吞食小鱷魚。□鼬科
□55～80cm、5～14kg □北美洲 ●牙齒

Q 外表雖然可愛，但其實非常危險？

A 水獺和河狸雖然長的非常可愛，卻是
需要注意的動物。巨獺是水獺中體型
最大的一種，幾乎是北美水獺的兩倍，有時
甚至兇猛到可以與美洲豹搏鬥。河狸的牙齒
力道大到幾乎可以咬穿人體，警戒心強，只
要靠近就會攻擊。棲息地相當靠近人類生活
的區域，所以經常發生人類因為激怒河狸而
遇襲的意外。

巨獺（大水獺）

以3～10頭為單位群居生活。主要的獵物是魚，有時會發揮團隊精
神，攻擊鱷魚或森蚺等大型獵物。在動物界中幾乎沒有天敵，甚至有
人目擊到侵入勢力範圍內的美洲豹被牠們趕跑。■鼬科 □150～
180cm、22～32kg □南美洲 ●牙齒

歐亞河狸

牙齒和下顎力氣甚大，可以在幾分
鐘內將直徑達10cm的樹木咬斷。
只要危險迫近，就會猛烈反擊。曾
經導致人類死亡。■河狸科 ●73～
135cm、13～35kg ■歐洲～俄羅
斯中部 ●牙齒

中華鱉

見於人煙附近的河川及池塘中。脖子長，稍有不慎就會被
咬，而且咬合力強，一旦咬住東西，絕對不會輕易鬆口。
■鱉科 ■30～35cm ■日本／東亞～東南亞 ●咬住不放

狄氏大田鱉也會攻擊任何出現
在牠們眼前的東西。曾經有人
目擊牠們襲擊日本蝮蛇。

狄氏大田鱉

日本最大的水生昆蟲。捕捉到眼前的魚和青蛙之後會從嘴裡
注入消化液，吸食融解的肉。捕捉時若被刺會感到劇痛。■
負蝽科 ■48～65mm ■本州、四國、九州、琉球群島 ●口
器

擬鱷龜

外殼可達50cm的大型烏龜。一旦找到獵物，就會迅速咬住，
擒拿到手。下顎力道強，人類若是被咬，極有可能會受重傷。
■鱷龜科 ■40～50cm ■加拿大南部～美國東部 ●咬住不
放

屏氣凝神
等待獵物

伺機埋伏

小宮園長的提醒

在水邊要特別注意的生物之一，就是尼羅鱷及森蚺等
大型爬蟲類，因為牠們會在水中埋伏，慢慢靠近喝水
的獵物，伺機攻擊。

尼羅鱷 🐊🐊🐊
體型龐大但動作迅速、個性兇暴的鱷魚。經常發生靠近水邊的人沒有察
覺到尼羅鱷在旁而被襲擊的意外事故。●鱷科 □4～5m □非洲、馬達
加斯加 ●牙齒、強勁的下顎

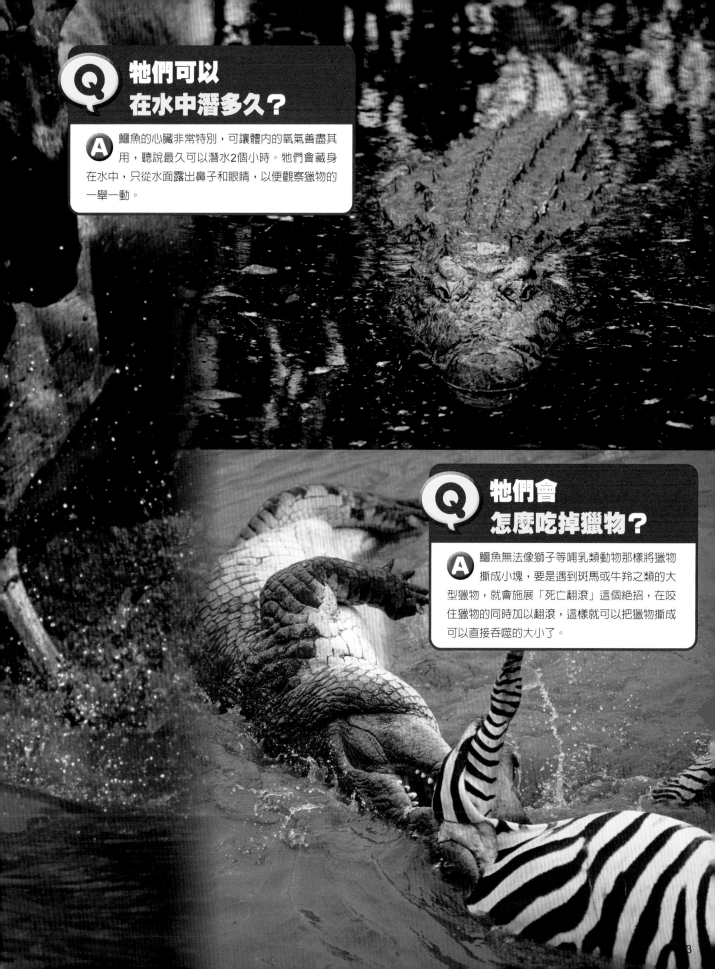

Q 牠們可以在水中潛多久？

A 鱷魚的心臟非常特別，可讓體內的氧氣善盡其用，聽說最久可以潛水2個小時。牠們會藏身在水中，只從水面露出鼻子和眼睛，以便觀察獵物的一舉一動。

Q 牠們會怎麼吃掉獵物？

A 鱷魚無法像獅子等哺乳類動物那樣將獵物撕成小塊，要是遇到斑馬或牛羚之類的大型獵物，就會施展「死亡翻滾」這個絕招，在咬住獵物的同時加以翻滾，這樣就可以把獵物撕成可以直接吞嚥的大小了。

奧利諾科鱷 🐊🐊🐊
生活在南美奧里諾科河附近的鱷魚，是美洲大陸體型最大的鱷魚，有時會攻擊人類，但是數量變少，恐會滅絕。●鱷科 □5m □奧里諾科河 ●牙齒、強勁的下顎

大鱷龜（真鱷龜） 🐢🐢
會用嘴裡看似蚯蚓的舌頭吸引魚，只要魚一靠近，就會迅速咬住獵物。咬合力強，若是無意伸手過去，手指可能會被咬斷。在日本原本當作寵物來飼養，但和擬鱷龜一樣，因為棄養建立野生族群而造成問題。●鱷龜科 □60～80cm □北美洲東部 ●強勁的下顎

鱷魚體型若是變大，就會和照片一樣襲擊鯊魚。

灣鱷（河口鱷、鹹水鱷）🐊🐊🐊
體型與尼羅鱷不相上下的大型鱷魚，生活在紅樹林茂密生長的河口和海岸旁，有時會隨著海流長途跋涉。生性兇暴，有時會攻擊人類。■鱷科 ■5～6m ■東南亞、澳洲北部 ●牙齒、強勁的下顎

灣鱷可以隨著海流移動到遠處去，所以在印度到澳洲之間才會常見牠們的蹤影。

世界最大的鱷魚，「落龍（洛龍）」

2011 年菲律賓捕獲了一頭灣鱷。這條名為「落龍（洛龍）」的鱷魚是一隻食人鱷，曾經有人目睹牠吞了兩個人。長達 6.17m 的身體是有史以來人類捕獲的最大鱷魚，曾經創下金氏記錄。2013 年死亡，但是病因不明。

灣鱷的活動範圍非常廣泛。過去曾經漂流到日本。

最長可超過10m，體型碩大的甚至可以勒死人類，將其吞下肚去。

森蚺和鱷魚一樣會在水中埋伏，等待獵物。

森蚺 🐾🐾🐾
世界上最重的蛇類，有的體重超過100公斤。能用強勁的力量將鱷魚等獵物勒死。■蚺科 ■6～9m ■南美洲北部 ■勒死

發電生物

麻痺衝擊！

⚠ 小宮園長的提醒

電鰻和電鯰可以產生強大的電力。日本一般家庭
電壓通常為100伏特，但是這些魚卻可以產生遠
高於此的電力。

最大電壓
800
V

電鰻

一種外形似鰻魚的大型魚，屬夜行性。可以用高達800伏特電
力電死敵人。曾經有人以及馬過河時，因為不小心碰到牠們的
身體而發生觸電意外。●裸背電鰻科 □1.8m ◻亞馬遜河、奧
里諾科河 ●電

電鰻還會利用牠們產
生的電力，鎖定獵物
的所在位置。

▲電鰻產生的電力很強，就連體型碩大的
鱷魚也會被電死。

最大電壓
450
V

電鯰

生活在渾濁的河裡，會用電捕捉獵物或尋找方向。最大電壓為450伏特，強度僅次於電鰻。

■電鯰科 □30cm以上 □非洲 ■電

生活在海中的發電生物

會發電捕捉或尋找獵物的魚，例如電鰻和電鯰大多生活在河裡。不過棲息於海裡的電鱝也會產生電力來捕捉獵物或保護自己免受敵人侵襲。照片中的諾比蓮電鱝（珍電鱝、地中海電鱝）產生的電力高達 220 伏特。

▲古希臘人會為了緩解頭痛而用諾比蓮電鱝來電擊。

最大電壓
220
V

以毒護身

危險！
別碰！

⚠ 小宮園長的提醒

生活在水邊的青蛙當中，有的光是一隻分泌的毒液就足以殺死10個人。另外有些昆蟲會釋放讓皮膚潰爛的特殊氣體來保護自己，所以看到時千萬不要隨便觸摸。

金色箭毒蛙（*Phyllobates terrib*

擁有毒性非常強烈的箭毒蛙鹼。只要少量滲入體內就能殺死人類。這種劇毒的毒性是攝取自食物中的含毒物質。■箭毒蛙科 ■4.5～4.7cm ■哥倫比亞 ■皮膚的毒

日本大鯢（大山椒魚）

日本最大的兩棲動物。只要魚一靠近，就會以迅雷不及掩耳的速度咬住獵物。生性溫和，但若刻意捕捉，就會反擊咬人。■隱鰓鯢科 ■60～150cm ■日本本州的岐阜縣西部、四國、九州 ■嘴巴

受到驚嚇時會從體內分泌有毒的白色黏液喔。

▲眼睛後面會分泌白色毒液。滲入人體時會引起劇痛。

大蒜蟾蜍（棕色鋤足蟾）

遭到敵人襲擊時身體會釋出一種有蒜味的分泌物，身體還會膨脹，並且大聲喊叫，恐嚇對方。●鋤足蟾科 ○6.5～8.0cm ○歐洲 ●氣味

蔗蟾（海蟾蜍）

眼睛後面有毒囊，遭到敵人襲擊時會分泌毒液。從國外引進的蔗蟾已經在日本建立野生族群了。●蟾蜍科 ○15～20cm ■北美洲南部～南美洲北部 ●毒

日本雨蛙

最熟悉的青蛙。但是皮膚帶有微弱毒性，摸了之後若是立刻揉眼睛，可能會造成腫脹。●雨蛙科 ○4cm ○北海道～九州／俄羅斯東部～中國北部 ●毒

▲鴨嘴獸可以用嘴巴偵測到
獵物身上發出的電流。

帶有毒刺的淡水魚

海裡有不少魚，像是玫瑰毒鮋和環紋
蓑鮋（獅子魚）都帶有毒刺。河川及
湖泊中也有帶毒刺的危險魚類，而且
在日本還非常普遍。最常聽到的就是
日本鮴和叉尾黃顙魚這些在背鰭和胸
鰭上有毒刺的魚類。雖然毒性沒有強
到可以奪走人命，但是卻會引起劇痛，
要小心。

▲帶有毒刺的日本　。棲息於秋田縣和宮城縣南部。

▲棲息在琵琶湖以西的叉尾黃顙魚。胸鰭在動時
會發出「嘰嘰」聲。

火蠑螈 🧪🧪
（真螈、火螈）

被敵人攻擊時，眼睛後面的囊袋會噴出白色毒液來保護自己。古時稱為「地域火螈」。●蠑螈科 □15～25cm □歐洲 ●毒

龐巴迪甲蟲（投彈手甲蟲）📷🧪

遭到敵人襲擊時會從屁股噴出100℃以上的高溫屁來保護自己，所以千萬不要徒手捕捉，否則會被燙傷。●步行蟲科 □11～18mm □北海道～九州、吐噶喇群島、奄美大島 ●高溫氣體

鴨嘴獸 🧪

會下蛋的原始哺乳類動物。後腿上的距會噴出毒液，雄性打鬥時可以派上用場。雖然未曾聽過有人類因此身亡，但卻曾讓狗中毒死亡。●鴨嘴獸科 □45～60cm □澳洲東部、塔斯馬尼亞島 ●毒距

紅腹漬螈 🧪🧪🧪

體內帶有毒性非常劇烈的河豚毒素。只要一感覺到危險身體就會後仰警告敵人，告訴對方牠的下巴和尾巴後方的橙色地方有毒。●蠑螈科 □13～20cm □美國加州 ●毒

褐毒隱翅蟲 📷🧪

生活在稻田等潮溼的地方。又稱為「燒傷蟲」，皮膚要是沾到牠們的體液就會紅腫，千萬不要捏碎。●隱翅蟲科 □6.5～7.0mm □北海道～琉球群島 ●體液

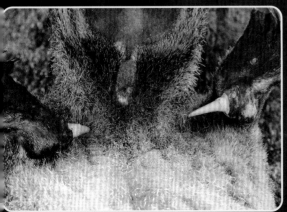

▲公鴨嘴獸的後腿有毒距。帶有毒性的哺乳動物非常少見，只有鴨嘴獸和[其他]部分物種才有。

▲數日過後會出現症狀。需要一個多星期才能痊癒。

奧利諾科鱷 vs. 森蚺

亞馬遜河的水域聚集了許多危險生物。接下來就讓我們來看看在這當中，堪稱美洲最大掠食者奧利諾科鱷與森蚺這兩個爬蟲類動物的對決賽吧。

⚠ 這一頁模擬了野外難得一見的危險生物對抗賽。對決的結果只是一個可能性，並非絕對。

森蚺
9m

奧利諾科鱷
430kg

大小

奧利諾科鱷
5m

重量

森蚺
227kg

奧利諾科鱷

鱷魚當中體型最大的一種，同時也是美洲最大的鱷魚。曾經創下6m至7m的記錄，但絕大多數的體長都是5m。年幼時以昆蟲和蜥蜴為食。成長之後會改吃大型魚類和水豚等哺乳類動物。

堅硬的鱗片和下顎
鱷魚的身體覆蓋著一層厚而堅硬的鱗片。而身體覆蓋在這層鱗片之下的奧利諾科鱷更是以極高的防禦力為傲。此外，他們的下顎肌肉強壯，可以利用撕咬的方式給予獵物致命一擊。

森蚺

世界上最重的蛇，體重超過100kg。但是拖著這過度沉重的身體在陸地上移動時，速度通常都會非常緩慢，所以牠們主要的埋伏地點是在水中。牠們能潛在水中10分鐘，突擊靠近水邊的獵物後，再將其整個纏繞起來。勒死的獵物吞下後，會花上一段時間慢慢消化。

強壯的肌肉
以又粗又長的身體纏繞住獵物。只要獵物一呼吸，就會用強而有力的肌肉擠壓肺部，使其窒息。一旦被成年森蚺纏上，就算是鱷魚或美洲豹也難逃一死。

危險生物要是打起來……？

總評 🚩 **勢均力敵，不過森蚺似乎較占優勢？**

奧利諾科鱷的重量大約是森蚺的兩倍，打鬥時較占上風。大家都知道奧利諾科鱷會攻擊並且吃掉企圖吞掉牠們的卵以及幼鱷魚的森蚺。這對動作緩慢的森蚺來說，恐怕就只能默默承受奧利諾科鱷的攻擊。但是體型大出許多的森蚺若是從後面偷襲奧利諾科鱷，緊緊纏住牠們的話，奧利諾科鱷應該就會束手無策，坐以待斃了。奧利諾科鱷雖然會反擊，但是森蚺粗長的身體卻會慢慢地將其勒斃，到最後森蚺應該會張開血盆大口，把窒息的奧利諾科鱷從頭整個吞下肚去。

蛙類

草莓箭毒蛙（草莓毒刺蛙）🧪🧪

體型嬌小的箭毒蛙。皮膚含有生物鹼等有毒物質。毒性是從食用的瓢蟲和塵蟎中攝取有毒物質而來的。●箭毒蛙科 □2.0～2.4cm ○尼加拉瓜東南部～巴拿馬西北部 ●有毒的皮膚

▲常見藍色的腿和紅色的身體，不過有些卻是綠色或藍色，顏色形態各不相同。

青蛙的特徵 ┃ 毒

青蛙的皮膚對乾燥很敏感，所以會不斷分泌黏液來保持溼潤。有些青蛙會從皮膚分泌含毒的黏液來保護自己。有些毒性弱到只對小動物有害，有些毒性則是強到可以奪走人命。所以遇到這些青蛙時，千萬不要疏忽大意，伸手去碰。

迷彩箭毒蛙 🧪🧪
（*Dendrobates auratus*）

體色因棲息地而異。雄蛙習慣將蝌蚪背到水邊。夏威夷人會為了除蚊而將牠們放到野外。■箭毒蛙科 ■3.2～4.2cm ■尼加拉瓜東南部～哥倫比亞西北部 ■有毒的皮膚

黃帶箭毒蛙（*Dendrobates leucomelas*）🧪🧪

體色鮮黃亮麗，是相當熱門的寵物蛙，同時還是唯一會在乾季夏眠的箭毒蛙。身上的毒是從獵食的螞蟻身上攝取而來。■箭毒蛙科 ■3～4cm ■南美洲北部 ■有毒的皮膚

綠畫眉箭毒蛙 🧪🧪
（*Phyllobates aurotaenia*）

在3種箭毒蛙當中毒性第二強，人們會將其分泌的毒液塗抹在吹箭上。棲息於熱帶雨林的地面上。■箭毒蛙科 ■3cm ■哥倫比亞 ■有毒的皮膚

黑腳毒箭蛙 🧪🧪
（*Phyllobates bicolor*）

和金色箭毒蛙（*Phyllobates terribilis*）一樣，會從皮膚分泌出毒性劇烈的箭毒蛙鹼，是一種非常危險的青蛙。毒性是從食用的螞蟻和塵蟎中攝取有毒物質而來。■箭毒蛙科 ■3.5～4.2cm ■哥倫比亞 ■有毒的皮膚

危險生物專欄 **漂亮的青蛙有毒**

不管是哪一種箭毒蛙，身上的顏色都非常鮮豔美麗。人們認為這是在警告對方牠們身上的皮膚有毒，吃了可是會有危險的。因此就算是天敵活躍的白天，箭毒蛙也會毫不在意地四處活動。

染色箭毒蛙 🧪🧪
（*Dendrobates tinctorius*）

體型最大的箭毒蛙，圖案各有不同。無論雌雄都會習慣將蝌蚪背到水邊。■箭毒蛙科 ■4.5～6.0 cm ■圭亞那～巴西東北部 ■有毒的皮膚

🧪🧪
藍箭毒蛙（*Dendrobates azureus*）

生活在南美洲蘇利南熱帶雨林中的美麗青蛙。有份最新的DNA研究指出這種青蛙與染藍箭毒蛙同種。■箭毒蛙科 □4.0～4.8cm □蘇利南 ■有毒的皮膚

攀樹彩蛙 🧪🧪

棲息於馬達加斯加的一種曼特蛙。常見於樹洞的水坑中，皮膚有毒。■馬達加斯加蛙科　■3～4cm　■馬達加斯加東北部　■有毒的皮膚

產婆蟾 🧪

雄蟾習慣用後腳帶卵的方式來保護卵，直到其孵化成蝌蚪為止。遭到敵人襲擊時身上的疣會分泌出惡臭的毒液來保護自己。■盤舌蟾科　■4.5～5.5cm　■德國～意大利、葡萄牙　■有毒的皮膚

牛奶樹蛙 🧪

主要棲息在亞馬遜叢林中的雨蛙同類。屬夜行性，通常會在樹上生活。受到驚嚇時會從體內分泌有毒的白色黏液。■樹蟾科　■6～10cm　■南美洲北部　■黏液

危險生物 專欄　曼特蛙的顏色也很華麗

生活在非洲馬達加斯加的曼特蛙與生活在中南美洲的箭毒蛙一樣，會以華麗的顏色來警告天敵。兩者的棲息地雖然遙遠，但是英雄所見略同。

馬達加斯加金色蛙 🧪

生活在海拔約950m的涼爽森林中。會將卵產在潮溼的落葉中，蝌蚪則是在水坑中生長。■馬達加斯加蛙科　■2.0～3.1cm　■馬達加斯加島東部　■有毒的皮膚

塔皮查拉卡樹蛙（*Hyloscirtus tapichalaca*） 🧪

2003年僅見於厄瓜多爾部分區域、相當罕見的雨蛙。身體會分泌出白色黏液。■樹蟾科　■6.1～6.6cm　■厄瓜多爾南部　■黏液

大黃蜂蟾蜍（*Melanophryniscus stelzneri*） 🧪

棲息於草原的小型蟾蜍科。皮膚有毒，受到驚嚇時身體會往後仰，露出紅色肚子與腳掌恐嚇對方。■蟾蜍科　■2.5～4.0cm　■巴西南部～烏拉圭、阿根廷北部　■有毒的皮膚

■分類　□體型　□主要棲息地　■危險之處

番茄蛙（*Dyscophus antongilii*） ⚗

母蛙體色紅如番茄。遭到敵人襲擊時身體會膨脹成球狀，皮膚也會分泌出白色黏液以保護自己。■狹口蛙科
■6.5～10.5cm ■馬達加斯加島東北部 ■黏液

▲身體膨脹，恐嚇對方。

科羅澳擬蟾 ⚗

生活在澳洲東部山區溼地中的小青蛙。以白蟻和螞蟻為食。皮膚含有生物鹼等有毒物質。■龜蟾科 ■2.5～3.0cm ■澳洲東部 ■有毒的皮膚

日本蟾蜍 ⦿ ⚗

棲息於日本西部的蟾蜍。眼睛後面的耳腺及皮膚會分泌毒液來保護自己。■蟾蜍科 ■8.0～17.6cm ■本州西南部～九州 ■有毒的皮膚

紅椒蛙 ⚗

皮膚觸感像橡膠，有毒。發現時因不知道歸屬哪一類，故取名為「謎蛙」。■狹口蛙科 ■6.8～7.5cm ■非洲東部～南部 ■有毒的皮膚

橙腹鈴蛙 ⚗

被敵人攻擊時會弓起身體，露出黃色的肚子及腿，以非常顯眼的姿勢來恐嚇對方。皮膚有毒。■盤舌蟾科 ■3.5～5.5cm ■歐洲 ■有毒的皮膚

◀只要有東西在眼前移動，就會不顧一切，先咬再說的貪吃鬼。

綠角蛙（鐘角蛙）🐸

會埋伏等待，伺機攻擊靠近的青蛙和老鼠。牙齒銳利，稍有不慎，手指就會被咬傷。■細趾蟾科 □10～15cm □巴西南部～阿根廷北部 □銳利牙齒

世界上奇怪的魚

許多大型魚生活在海中，不過有些棲息於河川及湖泊中的魚也會長得比人類還大。而且有些魚不僅體型龐大，就連外觀看起來也是非常怪異，所以有時會被稱為「怪魚」。接下來讓我們一起來看看世界上那些外表令人毛骨悚然的危險怪魚吧。

常用類似人類的牙齒咬碎植物果實。聽說會將男性下體誤認為植物果實而啃咬，但這種魚其實並無此習性。

細鱗肥脂鯉（切蛋魚）

能以強壯的下顎和獨特的牙齒食用植物果實。英文名「Pacu」並不是正式名稱，而是數種具有這種特徵的淡水魚總稱。■鋸脂鯉科 ■88cm ■牙齒

南美洲
（亞馬遜河附近）

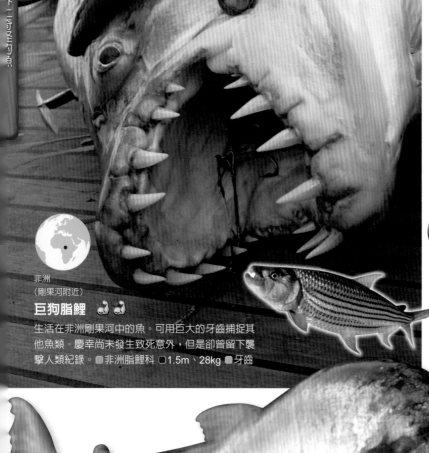

非洲
（剛果河附近）

巨狗脂鯉

生活在非洲剛果河中的魚。可用巨大的牙齒捕捉其他魚類。慶幸尚未發生致死意外，但是卻曾留下襲擊人類紀錄。■非洲脂鯉科 ■1.5m、28kg ■牙齒

Q 怪魚會攻擊人類嗎？

A 大多數被稱為怪魚的魚類應該是不會把人類當作獵物來攻擊。怪物魚是休閒釣魚的熱門獵物，不過釣到時要是碰到牠們牙齒或魚鰭甚至被咬，還是有可能會受傷的。

似鯖水狼牙魚
（皇冠大暴牙）

以小魚為主食。不會攻擊人類，但要小心鋒利的牙齒。除了食用，亦盛行飼養在水族箱裡觀賞。■犬齒脂鯉科 ■1m、17kg ■牙齒

南美洲
（亞馬遜河附近）

歐鯰（六鬚鯰）

顧名思義，是一種棲息在歐洲各大河流及湖泊的鯰魚。有的超過4m，體型相當龐大。■鯰科 ■86～500cm、300kg（最大）■咬住不放

歐洲（中歐、南歐和西歐以及波羅的海、裏海附近）

非洲（西非沿岸附近）

非洲笛鯛

生活在海中的魚，但也會出現在海水和淡水交界處下游。雖然沒有攻擊人類的紀錄，但要小心碩大的銳利牙齒。■笛鯛科 ■1.6m（最大）、57kg（最大）■牙齒

東南亞（湄公河附近）

巨暹羅鯉

以海草及藻類為食的鯉魚類，又稱「魚王」。然而現今卻因為環境變化及過度捕撈而瀕臨滅絕的危機。■鯉科 ■3m（最大）、300kg（最大）■龐大身軀

南美洲（巴西和阿根廷附近）

短尾江魟

平常隱藏在河底的巨型魟魚。察覺到危險時會甩動帶有毒針的尾巴攻擊。■江魟科 ■95cm（最大直徑）、208kg（最大）■毒針

北美洲（密西西比河附近）

錘骨雀鱔（鱷魚火箭）

嘴與牙齒的形狀和鱷魚一樣。產自北美洲的魚類，不過當作寵物進口到日本，錘骨雀鱔卻在當地的河川及池塘中發現蹤影。要小心鋒利的牙齒。■雀鱔科 ■3m（最大）、159kg（最大）■牙齒

蝙蝠是唯一可以和鳥類一樣在空中自由飛翔的哺乳類動物。

吸血蝙蝠

晚上會咬傷動物，舔血為食。牠們的唾液帶有病毒，會導致狂犬病或其他疾病，極有可能會傳染給人類。●葉口蝠科 ○7～9cm ○北美洲南部～南美洲 ●銳利牙齒

危險生物專欄　不吸血的蝙蝠

蝙蝠往往給人「會吸血」的印象，其實吸血的蝙蝠只有三種。在這當中，會吸食人類及牛隻等哺乳類動物血液的只有吸血蝙蝠，而且也不是真的吸血，而是舔血。只要多加注意傳染病，其實牠們的危險性並不高。

會用銳利的牙齒咬傷牛和馬，讓牠們流血。

成群結隊，頭朝下倒掛在山洞或樹枝上的蝙蝠。通常會有一百隻左右聚集在一起，數量多時甚至會超過一千隻。

東南亞的「蝙蝠洞」

東南亞有些地區蝙蝠數量眾多，最有名的就是菲律賓薩馬島（Samal）上的蝙蝠洞。這是一個多達 180 萬隻的抱尾果蝠棲息的地方，2010 年登記為金氏紀錄。另外，印尼峇里島的古剎高阿拉瓦寺別名「蝙蝠洞」，也同樣棲息了不少抱尾果蝠。這些地方雖然沒有直接的危險性，但是蝙蝠產生的大量糞便卻會帶來惡臭及傳染病，故要多加留意。

高阿拉瓦寺的洞穴裡到處都是蝙蝠，塔頂因為糞便漆黑一片。

致命銳爪！襲擊

！小宮園長的提醒

有些鳥類爪子鋒利，會以極快的速度衝向獵物。當中的角鵰食猿鵰和非洲冠鵰力氣相當大，捕食的獵物也會比較大，因此人稱鳥類最強的三大鵰。金鵰在日本是天狗誘拐人類嬰兒傳說的起源。雖然遇到這些鳥類的機會不多，但還是要注意牠們的武器，也就是爪子。

Q 牠們腳上抓的是什麼？

A 被當作獵物遭到捕抓的樹懶。角鵰的握力非常強，可達100公斤，能夠抓走樹上的樹懶和猴子。

●分類 ○體型 □主要棲息地 ■危險之處

食猿鵰（食猴鵰） 👣👣👣
僅見於菲律賓叢林中的大型鵰類。以捕捉猴子等動物為食。但是數量非常稀少，恐會滅絕。■鷹科 □86～102cm □菲律賓 ■爪子

角鵰 👣👣👣
鳥類最強的鵰類之一。擁有粗壯而且直徑達2.5cm的腳，能捕捉生活在叢林中的樹懶和猴子。■鷹科 □89～105cm □中美洲、南美洲 ■粗壯的鳥腳與細長的爪子

▶銳利無比的爪子，有時會長達10cm。

非洲冠鵰 🦧🦧🦧

棲息於非洲森林的大型老鷹。以哺乳類動物為主要獵物，尤其是猴子。有時會捕殺體重超出自己許多、甚至可達20kg的獵物。◯鷹科 ◯80～99cm ◯非洲南部 ◯爪子

使用金鵰的鷹獵

鷹獵是一種訓練猛禽捕捉野生鳥類及哺乳類動物的狩獵方法，歷史悠久，西元前在蒙古和中國早已盛行，不過蒙古以雌金鵰為主。體型碩大的金鵰可以獵殺狐狸、野兔甚至灰狼。鷹獵在日本於 4 世紀從大陸傳來。這個利用蒼鷹的打獵方式一直到明治初期為止主要盛行於貴族和武士之間。

金鵰
展開雙翼可達2m的大型鵰類。生活在草原等遼闊地帶，主要捕食野兔。■鷹科 ■75〜90cm ■日本／歐亞大陸、北美洲 ●爪子

寂靜黑夜
無聲偷襲

暗夜獵手

! 小宮園長的提醒

晚上會在黑暗森林裡狩獵的就是貓頭
鷹。牠們能用不會發出風聲的特殊翅
膀飛行,在不被注意的情況下捕殺獵
物。貓頭鷹雖然是耳熟能詳的動物,
但是真實面目卻鮮為人知。有時候牠
們還會無聲無息,突然從背後猛烈攻
擊呢。

▶ 所有的貓頭鷹都
有鋒利的爪子,可
以緊緊抓住獵物。

大角鴞

雙翼展開可達1m45cm的貓頭鷹。主
要捕食老鼠和野兔,偶爾也會獵抓老
鷹和其他貓頭鷹等猛禽類。●鴟鴞科
○60cm ○北美洲~南美洲 ●爪子

鵰鴞 🐾🐾🐾

體型最大的貓頭鷹。是鳥類最厲害的高手，沒有天敵。主要捕食野兔和老鼠，偶爾會吃狐狸、老鷹以及其他貓頭鷹。荷蘭的某小鎮上還頻傳襲擊路人的事故。●鴟鴞科 ○70cm ○歐亞大陸 ●爪子

Q 貓頭鷹為什麼可以在晚上狩獵？

A 因為牠們擁有出色的視力和聽力。貓頭鷹的視力比人類好上100倍，因為牠們的眼睛有許多即使身處黑暗中，只要有一點光，就能看清東西的細胞。而且牠們的聽力非常發達，光靠獵物發出的聲音就能鎖定位置。

Q 貓頭鷹其實是危險動物？

A 貓頭鷹有張可愛的臉蛋，但卻是要特別注意的鳥類之一。牠們是研究人員心中的危險鳥類，保衛巢穴的習性非常強烈，只要有東西靠近，就會猛烈攻擊。像在美國和歐洲就曾發生過不知自己已經靠近巢穴而遭到貓頭鷹攻擊的事故，可見牠們攻擊性非常強。

橫斑林鴞 🐾🐾

主要的獵物是老鼠和松鼠等小型哺乳類，還有蛇與青蛙。只要一接近巢穴，親鳥就會攻擊人類。●鴟鴞科 ○43～50cm ○北美洲東部及西北部 ●爪子

163

角鵰 vs. 美洲豹

角鵰是統治亞馬遜熱帶雨林天空的掠食者，可以一邊在茂密的樹林之間飛行，一邊以華麗的動作捕捉獵物。其展翅飛行下的陸地，是可以獵殺鱷魚的強大美洲豹統治的領域。倘若兩者大戰一場，情況會是如何呢？

角鵰 vs. 美洲豹 勝敗關鍵

美洲豹

美洲豹獨自在廣闊的領域上四處遊蕩。他們會藏身在樹上或樹叢中等待獵物，看準時機，飛撲而去。雖然貌似花豹，不過體格更加強壯。與會受到獅子和鬣狗攻擊的花豹不同的是，美洲豹沒有天敵，他們是美洲最強的掠食者，連短吻鱷和森蚺都可以獵殺。

咬碎骨頭的強勁下顎 可以憑藉強力的下顎咬住鱷魚及水豚等獵物的頭部，把整個頭骨啃碎。前腳揮拳的力道大到可讓小型獵物一拳斃命。

美洲豹	美洲豹
180 cm	**136** kg
大小	重量
角鵰	角鵰
105 cm	**10** kg

⚠ 這一頁模擬了野外難得一見的危險生物對抗賽。對決的結果只是一個可能性，並非絕對。

角鵰

角鵰會無聲無息地飛過密林，四處尋找獵物。主要的獵物是樹懶及猴子等哺乳類。有時也會捕食鬣蜥和蛇等爬蟲類，以及豪豬與食蟻獸等哺乳類。牠們不僅能夠捕捉重達7公斤的獵物，還能以時速高達80公里的速度飛翔。

尖銳的爪子
爪子長度在鳥類中榮登冠軍，且十分尖銳。不僅如此，腳的抓力也非常強，可壓碎骨頭，給予致命傷。一旦找到獵物，就會迅速飛撲而去，擒拿到手。

危險生物要是打起來……？

總評 美洲豹真的會陷入苦戰之中嗎？

一旦成為美洲豹這種掠食者的目標，就算是鳥類，包括角鵰在內，恐怕都不會是牠們的對手。就體型大小及重量來講，美洲豹具有壓倒性優勢。而且為了在空中飛翔，鳥類的骨頭通常都會比較輕盈，相形之下防禦能力就會較差，若是遭到美洲豹一擊，恐怕會粉身碎骨，動彈不得。但即使毫無勝算，只要先發制人，角鵰說不定就能和美洲豹打成平手。對角鵰來說，美洲豹只要一拳就能讓牠們斃命，因此要躲過美洲豹的視線，飛到背後偷襲。只要美洲豹一回頭，就能用鋒利的爪子攻擊牠們的臉，抓傷牠們的眼睛及鼻子，這樣美洲豹說不定就會因為搞不清楚狀況而失去鬥志，甚至逃之夭夭。

危險生物
名錄

鳥類

遊隼

生活在海岸及湖泊等遼闊地帶，以鳥類為獵物。能快速鼓翼飛翔，急速下降時，時速超過300km。□隼科 ■34～50cm ■世界各地（南極除外）□爪子

鳥類的特徵

鳥喙和爪子

帶有危險性的鳥類除了「空中危險生物」提到的那些，還有其他。鳥類通常不會主動攻擊人類，但在養育雛鳥時極有可能會為了保護孩子猛烈攻擊。牠們的武器是鳥喙和爪子。在攻擊人類時，通常會使用爪子。

166 □分類 ■體型 ■主要棲息地 □危險之處

蒼鷹 ⬛👊🏻👊🏻

棲息於森林之中，以鳥類為主要獵物的老鷹。翅膀偏短，飛翔時可以自由自在地穿越林間，追逐要捕捉的鳥類。靠近巢穴會被攻擊，甚至被其銳利的爪子抓傷。⬛鷹科 ⬜48.0～68.5cm ⬛北半球 ⬛爪子

▶將捕獲的野鴿帶回巢穴的遊隼。

城市裡有許多足以成為獵物的野鴿，使得棲息於市街的遊隼也跟著增加，並且將巢穴築在開闊的高處，例如摩天大樓及鐵塔。

遊隼經常出現在城市之中，不僅日本，在海外也是如此。只要在建築物中發現雛鳥，保護團體及志工就會不時地過來觀察情況，有時甚至會將巢穴移到更安全的位置。這時候工作人員就會如同照片，被親鳥攻擊。

SOLAR

DANGER
WORKERS
OVERHEAD

軍鵰（戰鵰）

生活在熱帶草原上的大型老鷹，與非洲冠鵰齊名，是非洲最強壯的鳥類之一。體重可達6kg，力氣非常大。主要捕食小型牛等哺乳類以及大型鳥類。■鷹科　■78～86cm　■撒哈拉沙漠以南的非洲　■爪子

白尾海鵰

分布於歐亞大陸寒冷地帶的大型鵰類。日本北海道亦有繁殖，冬季甚至可在本州找到蹤影。棲息於水邊，主要吃魚，但在繁殖季節會攻擊海鷗等鳥類，以便餵食雛鳥。有時也會吃動物死骸。■鷹科　■69～92cm　■日本／歐亞大陸　■爪子

虎頭海鵰

日本最大的鵰類，棲息於鄂霍次克海沿岸。以魚為主食，有時也會吞噬蝦夷鹿的死骸。■鷹科　■85～94cm　■日本／俄羅斯、朝鮮半島　■爪子

危險生物專欄　不慎撞擊的原因

白尾海鵰和虎頭海鵰等猛禽類有時會因為撞上風力發電機組而不幸死亡。根據推測，這應該是牠們在飛行時通常會一邊低頭專心找尋獵物，待察覺到風車時，情況早已無法收拾，不然就是急速下降時沒有看到風車，就此撞上去。

■分類　■體型　■主要棲息地　■危險之處

非洲白背兀鷲 🐾🐾

雙翼展開可達2m的大型兀鷲。
在天空飛行時會順便尋找動物的
死骸。尖銳的鳥喙可以輕易撕裂
大象的厚皮。■鷹科 ■94cm ■
非洲 ■鳥喙

◀只要一發現動物死骸
就會立刻俯衝搶食。

天空之王

鵰類在鳥類當中因為體格壯碩,力氣龐大,長久
以來一直是人類心目中的「天空之王」。自古不
管是軍旗、錢幣還是建築裝飾,都會使用鵰類的
圖案,藉以象徵擁有權力的統治者。

▼西元前3世紀
羅馬帝國鑄造
的硬幣。當時
人們認為皇帝
死後,鵰會將
他的靈魂帶到
天堂。

▲1756年完工的俄羅斯凱瑟琳宮(葉
卡捷琳娜宮)大門上的裝飾。俄羅斯
帝國曾以有兩個頭的「雙頭鵰」為徽
章。

烏林鴞 🐾🐾

棲息於針葉林中的大型貓頭鷹。接近巢穴時會用鳥
喙發出聲音來恐嚇對方。若是繼續靠近,就會發動
攻擊。■鴟鴞科 ■59~69cm ■北半球的寒帶地區
■爪子

▼抓住老鼠的烏林鴞。與灰林鴞一樣,
都是以老鼠為主要獵物。

灰林鴞 🐾🐾

棲息於歐洲森林間的中型貓頭鷹,只要靠近巢穴就會襲擊。爪子
銳利,被抓恐會受重傷。■鴟鴞科 ■36~40cm ■歐洲、俄羅斯
西部 ■爪子

小心禽流感

禽流感是一種流感病毒引起的鳥類疾病。野生鳥類通常不會因禽流感而死亡，但雞等家禽一旦感染，就有可能因病毒突變而死亡。雖然人類很少被感染，但若大量接觸患有禽流感的鳥類所排放的糞便或者是內臟，那麼就有可能被感染。日後病毒若是變異，就會變得容易傳染給人類，如此一來恐會造成全球流行，因此特別警戒。

▲因發現感染禽流感病毒而需撲殺的雞。

卷羽鵜鶘（灰鵜鶘、天馬丁鵜鶘）

主要吃魚，但也吃雛鳥和老鼠。如果靠得太近，可能會被鳥喙咬傷。■鵜鶘科 ●1.5～1.8m ■歐洲東南部、非洲、印度 ■鳥喙

會群體攻擊白腹鰹鳥的巢穴，吞下雛鳥，帶回去餵食自己的孩子。

▲飢餓的卷羽鵜鶘正在咬攝影師的腿。

鵲鶇

棲息於澳洲的鳥類。習慣在樹枝或木樁上用泥土築巢。攻擊性非常強，只要靠近巢穴，就算是天敵的猛禽，也會激烈喊叫，加以驅逐。■鵲鶇科 ●25～30cm ■澳洲 ■鳥喙

加拿大雁

原生於北美洲，各地都有馴化後的籠中逸鳥。巢穴防禦行為非常激烈，會毫不畏懼地撲向人類和狗。稍有不慎，就會被鳥喙咬傷，或者是被翅膀拍打。■鴨科 ●55～110cm ■北美洲 ■鳥喙、翅膀

■分類 ●體型 ■主要棲息地 ■危險之處

澳洲喜鵲（黑背鐘鵲）

澳洲特有的鳥類。相當好鬥，任何靠近巢穴的動物都會被攻擊。因在住家附近築巢，故經常攻擊人類，但鮮少造成傷害。■燕鵙科
■37～43cm ■澳洲 ■爪

白頸麥雞（蒙面鴴）

習慣在地面上築巢，會一邊對靠近巢穴的動物發出激烈的叫聲，一邊攻擊。不僅這種鳥，大多數跳鴴都有類似的防禦行為。■鴴科 ■30～37cm ■澳洲、紐西蘭 ■鳥喙

翅膀會露出鋒利的爪子。若是被翅膀擊中，極有可能會受傷喔。

北極燕鷗

在北極繁殖、於南極附近過冬的燕鷗。會大量群聚在一起，形成鳥群以便繁殖。會對靠近鳥群者猛烈攻擊，加以驅逐，有時甚至會噴灑糞便。■鷗科 ■33～36cm ■北極和南極海域 ■鳥喙、糞便

在日本繁殖的小燕鷗也是一樣，只要靠近巢穴就會發動攻擊，或噴灑糞便。

棕色賊鷗

以「賊」為名的理由，是因為牠們會靠近育幼中的企鵝，竊取企鵝蛋或幼鳥為食。凡是靠近巢穴者，一律會發動攻擊。■賊鷗科 □52～64cm □南極海上的島嶼 ■鳥喙

▲正在食用親鳥搶來的年幼企鵝。

171

令人畏懼的鳥擊

鳥兒可以在遼闊的天空中遨翔。正因如此，才會發生「鳥擊」這個危險事故。鳥擊主要用來指稱鳥類撞擊飛機的意外。包括日本在內，世界各地都曾發生過不少鳥擊事件。除了飛機，還有其他因為碰觸鳥類的意外。

2009 年發生在美國亞利桑那州的鳥擊事件。有隻鳥把擋風玻璃撞破一個洞。幸好飛行員只受輕傷，倖免於難。

Q 只是撞到鳥，為什麼會釀成大禍？

A 就算是超輕型的小型噴射機，重量也會超過1t，而且飛行時速至少有500km。物體相撞時只要重量越重、速度越快，衝擊力就越大。要是撞上大型鳥類，不僅衝擊力大，後果更是不堪設想。

◀掛在美國空軍飛機上的老鷹。對人類來說固然危險，但許多鳥類因此而喪生也是一個問題。

一架遭遇鳥擊的美國空軍飛機。鳥類的撞擊使得飛機頭凹下去。

A 鳥擊最可怕的地方在於鳥被捲入引擎內。過去曾經發生鳥被捲入引擎內而導致飛機墜落的意外。1995年，一架美國空軍噴射機因捲進一隻加拿大雁而墜毀，結果造成24人死亡。而另起意外則是發生在2009年，一架全美航空的噴射機因為鳥擊而迫降在哈德遜河上。

▶噴射機的引擎進氣口。只要有鳥卡在引擎裡，飛機就會故障，無法起飛。

2009年迫降在哈德遜河上的全美航空噴射機。飛機起飛後加拿大雁就立即被捲入，使得所有引擎停擺。幸好有機長冷靜的判斷以及嫻熟的駕駛技術，讓飛機得以安然無恙地降落在河面上，順利拯救所有機組人員及乘客的性命。

日本鳥擊數據 　　　　　（2019年）

主要案例

飛機損壞：53起

取消起飛：4件

其他※：11件

※飛機掉頭、更改目的地、重新降落等。

撞機的主要鳥類

燕科：144例 ──────

雀科：103例 ──────

鷹科：78例 ──────

日本2019年發生了1577起鳥擊事故。雖然沒有發生死傷慘重的重大事故，卻也造成機體毀損或者無法起飛等意外。這1577件事故當中，有860件尚未確定撞擊的鳥類物種，不過已知最常見的有黑鳶、烏鴉以及紅隼。

飛機以外的鳥擊事故

除了飛機，鳥類也會撞上鐵路車輛和汽車。另外利用風力發電的風力發電機組也會發生鳥擊事故，很多鳥兒因為撞到迎風的葉片而死亡。就連白尾海鵰等瀕臨滅絕的鳥類也成了犧牲品，急需採取對策加以改善才行。

▲瀕臨滅絕的白尾海鵰。

▲風力發電機組通常會設置在沿海開放地帶，以便接受大量的風。這也導致許多沿著海岸飛行的虎頭海鵰、白尾海鵰等海鵰不慎撞上風扇。

173

極地的危險生物

危險生物也會在北極和南極等極地生活。北極有地球上最大的肉食性動物北極熊，南極則是有人稱「海上花豹」的豹斑海豹棲息。雖然我們幾乎沒有什麼機會遇到，但還是曾經傳出人類遇害的意外事故。

▼在人類留下的垃圾堆中覓食的北極熊。有時甚至會為了尋找食物而出現在人煙之處。

▼斯瓦巴群島(Svalbard)中的斯匹茲卑爾根島(Spitsbergen)約有3000隻北極熊棲息。當地的標示寫著「停下來，北極熊很危險。沒有槍千萬不要穿過這個告示」。此外，這座島上的居民待在家裡時也會盡量不鎖門，這樣北極熊要是來襲才能逃到附近的房子裡去。

STOP

POLAR BEAR DANGER

Do not walk beyond this sign without a weapon

▶北極熊幾乎以海豹為主食，但也吃海豚和鯨魚死骸、鳥類、其產下的蛋、魚類還有海藻。照片中的牠們正在吃長鬚鯨的死骸。

■分類 ■體型 ■主要棲息地 ■危險之處

從冰洞殺死海豹之後留下的痕跡。如下方照片所示，牠們會先咬住頭部，再將海豹拖到容易進食的地方。

待在冰洞旁埋伏，等待獵物！

北極熊會在冰洞附近等待，伺機獵殺為了呼吸浮出海面的海豹。

北極熊

陸地上最大的肉食性動物。體毛的中心呈中空，比較容易保持體溫，就算在冰冷的大海中游泳幾十公里也沒問題。●熊科　□1.6～2.5m、150～800kg　□北極圈　●爪子、獠牙

危險生物專欄　有時小北極熊也會成為獵物

母北極熊一次可以生下兩隻小熊，會一邊教導牠們打獵的方法，一起共同生活兩年。育兒中的母熊非常怕公熊，因為牠們會吃掉小北極熊。所以只要一看到公熊，母熊就會拚命逃跑，以免孩子被吃掉。

海象 🐾🐾🐾

無論雌雄，犬齒都特別發達。雄海象打鬥及恐嚇北極熊時可以派上用場。雖然未曾攻擊人類，但要注意牠們龐大的身體。■海象科 ■3.0～3.6m、0.4～1.0t ■北極圈 ■犬齒

霸占了整個阿拉斯加海岸的海象群。牠們會在海裡捕食，休息時會聚集在岩石上。

危險生物專欄：恐慌之下被踩扁

海象長大後體型壯碩，就算是北極熊也不容易征服。可是當北極熊出現時，所有海象卻會整個陷入恐慌之中，逃跑時會不慎把同伴踩死。所以北極熊只要把海象嚇個半死就能不勞而獲，將那些被踩死的海象吃下肚去。

◀海象的犬齒不僅是戰鬥武器，準備從海裡爬上陸地時還可以當作支柱，撐在地面或冰層上。有的長達1m

雪鴞 ⊙ 🐾 🐾

棲息於北極圈的大型貓頭鷹。無論是人類還是其他動物，凡是接近巢穴一律攻擊。爪子非常危險，隨便一揮就足以讓對方身受重傷。■鴟鴞科 ■55～70cm ■日本／北極圈 ■爪子

頭部有強壯的頭角保護。

麝牛 🐾 🐾 🐾

生活在北極的牛科動物。通常不會攻擊人類，但若距離太近，有時反而會衝過來。■牛科 ■1.4～2.5m、180～400kg ■北美洲北部 ■角、龐大身軀

麝牛非常強壯有力，在動物園裡都要關在和象舍一樣堅固的小屋裡才行。

雄麝牛到了夏天會為了爭奪雌麝牛而用角猛烈撞擊。

豹斑海豹 🐾 🐾 🐾

南極洲最強的哺乳類動物，會攻擊企鵝和海豹。銳利的牙齒與大大的嘴巴可以咬住獵物，撕裂分食。個性相當有攻擊性，隨意靠近會有危險。■海豹科 ■2.4～3.4m、200～591kg ■南極周邊海域 ■銳利的牙齒

送你企鵝？

曾經有紀錄提到豹斑海豹會送企鵝給人類。親身體驗的攝影師描述當時有隻豹斑海豹叼了一隻企鵝過來，感覺好像是要給他吃。

沙漠的危險生物

沙漠幾乎不下雨，氣候非常乾燥。而且沙漠的生活環境和極地一樣非常嚴峻，但還是有許多各種危險生物在那裡生活。接下來就讓我們來看看生活於美洲及非洲沙漠地帶的危險生物吧。

危險生物專欄　橫向爬行的原因

部分在沙漠中生活的蛇類，例如角響尾蛇會橫向移動。他們會抬起上半身，以彈跳的方式側向前進，盡量不讓身體接觸到地面。正因為身體碰到地面的時間短暫，所以非常適合在一片沙地的沙漠中移動。

角響尾蛇（*Crotalus cerastes*）🧪🧪
活動於涼爽的夜晚。毒性雖然不強，但不及時治療還是會致命的。●蝰蛇科 □60～80cm □美國西南部～墨西哥北部 ●毒牙（出血性毒）

■分類 ■體型 ■主要棲息地 ■危險之處

沙漠角蝰 🧪🧪
以蜥蜴和老鼠為食。有毒，被咬
之後會引起疼痛及腫脹，傷口也
有壞死的風險。●蝰蛇科 ○
30～60cm □非洲南部 ●毒牙
（出血性毒）

眼睛

▲會扭動身體，鑽進
沙子裡。

侏儒膨蝰 🧪
會鑽進沙子裡，只露出眼睛來等
待獵物。偶爾甩動尾巴喬裝獵
物，藉以吸引蜥蜴過來。毒性
弱，不至於會致命。●蝰蛇科
○30cm □非洲 ●毒牙（出血性
毒）

尾尖

角蝰 🧪🧪
習慣埋伏於沙中，只露出眼睛和頭角來等待獵物。被咬不會喪命，但不及時治療
依舊會危險。●蝰蛇科 ○60～85cm □非洲北部～阿拉伯半島 ●毒牙（出血性
毒）

美洲獅（山獅）🐾🐾🐾
棲息於各種環境之中的大型山貓。最近數量增加，
就連都市附近也曾發生攻擊健行客的意外事故。□
貓科 □86～154cm、29～120kg □北美洲～南美
洲 □獠牙、爪子

A 除了沙漠，美洲獅也能適應森林及草原等類型廣泛的環境中。牠們的主要天敵是灰狼，不過有時卻會反撲獵食。

▲ 美洲獅鋒利的獠牙。雖然鮮少襲擊人類，卻曾引起死亡事故。

危險生物專欄 可製成糖尿病藥物的毒液

2005 年，人們利用美國毒蜥唾液中的毒液成功製作糖尿病藥物。糖尿病是一種血糖過高的疾病。而這種毒的成分具有降低血糖的功能，故能有效治療糖尿病。

沙漠巨蜥

會攻擊並吃掉眼鏡蛇和蠍子的巨蜥。棲息於寒冷地帶的會冬眠。一般認為唾液有毒，但是詳情不明。■ 巨蜥科 ■1.2～1.5m ■北非至中東、中亞、印度西北部 ■獠牙

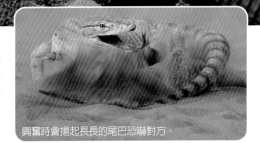

興奮時會揚起長長的尾巴恐嚇對方。

美國毒蜥

看到什麼就咬什麼，並將儲存在下顎的毒液注入對方體內，使其變得衰弱。毒性屬於強烈的神經毒素，會讓身體麻痺，動彈不得。不過生性溫和，不會危害人類。■毒蜥科 ■40～50cm ■美國南部～墨西哥北部 ■毒

咬住獵物後會注入毒液。下顎力道強，一旦咬住東西，絕不輕易鬆口。

沙漠蝗蟲 🦗
蝗蟲不會直接攻擊人類，但是大量出現就會
造成農損，曾多次引發糧食短缺和大饑荒等
問題。●蝗科 ○40〜60mm ○非洲、中
東、亞洲 ●大量出現

Q 蝗蟲為什麼
要群居生活？

A 沙漠蝗蟲通常不會群居。然而當食物短缺時，為
了謀求糧食的沙漠蝗蟲就會成群結隊，聚集在一
起生活，變成喜歡群居的沙漠蝗蟲。單獨行動的沙漠蝗
叫稱為「單獨型」，群居生活的稱為「群居型」。雖然
同種，但是生活方式、外觀及性格都各有不同。

單獨型（平常）

◀體色為綠色，獨居生
活。個性溫和，對人類
無害。

群居型（群聚時）

◀體色為黑色或黃色等
顯眼色彩，喜歡群聚。
個性富攻擊性，會啃食
植物。

避日蛛（風蠍）♂
貌似蜘蛛，已知約有1000種，可以用巨大的下顎捕捉體型比自己大的獵物，例如蜥蜴、鳥類和老鼠。無毒，不曾攻擊人類。 ○避日目 ○15cm ○熱帶及亞熱帶的沙漠 ○大顎

黑粗尾蠍 ⚗⚗
體長可達15cm的巨大蠍子。擁有強烈的神經毒素，螫到時會危及性命。毒液若是噴到眼睛，極有可能會因此失明。 ○鉗蠍科 ○15cm ○非洲東南部 ○毒針、毒液

身邊的危險生物

除了到目前為止介紹的危險生物，一些常見的生物其實也有攻擊性，有的甚至會引發事故。接下來就讓我們來看一些雖然幾乎不會危及性命，但卻意外危險的熟悉生物。

一隻為了保護在附近的孩子而威嚇少年的母天鵝。

Q 天鵝的翅膀很危險？

A 鳥類的武器是鳥喙與腳爪，但像天鵝之類的鳥類卻是以翅膀為武器。如果有人接近幼鳥，育兒中的母天鵝會拍打翅膀加以驅趕。像國外就曾發生過因為遭到疣鼻天鵝攻擊而造成的死亡意外。

疣鼻天鵝（瘤鵠）
野化的疣鼻天鵝已經在世界各地繁殖，包括日本。牠們會為了保護蛋及幼鳥而咬住對方，或者是用翅膀拍打攻擊 ■雁鴨科 1.3～1.6m ○歐亞大陸 ■鳥喙、翅膀

黑鳶

習慣被人餵食的黑鳶會從後面飛撲而來，搶走人類的食物。這時候伸出的爪子會抓傷人，非常危險。 鷹科 55～60cm 日本／歐亞大陸、非洲、澳洲 爪子

海岸はみんなで美しく使いましょう。
トビに注意!!
食べ物をねらって、後ろから飛びかかってきます。
するどいツメで、けがをすることがあります。
ご注意下さい。

被害を出さないために
❶野生動物にはエサをあたえない。
（食べ物を持って手を上にあげない）
❷ゴミやは残し物をほうきする。

◀神奈川縣江之島附近的告示牌。警告民眾黑鳶會飛過來搶走三明治或漢堡等食物。

巨嘴鴉

烏鴉不會無緣無故地攻擊人類。但是巢穴裡若有雛鳥，牠們就會從後面用腳爪攻擊路人的頭。 鴉科 56cm 東亞、印度 爪子

> **Q** 牠們為什麼要搶人類的食物？

> **A** 黑鳶與海鷗原本是不吃人類的食物。是人類餵食這些鳥類，讓牠們變得親人才開始搶奪食物的。

英國某位女性在布萊頓這個靠海的小鎮上散步時，被黑脊鷗奪走手上的甜甜圈。

黑脊鷗（銀鷗）

以魚為主食，但屬雜食性，肉類、點心及水果都吃，和日本的烏鴉一樣，有不少會飛到街上翻垃圾。 鷗科 55～67cm 北半球 鳥喙

185

愛媛縣曾經發生過大量蜉蝣，數量多到整個橋面都被蓋住了。

蜉蝣 📷🔍
以蜉蝣目為名的物種總稱。在日本大約發現了140種，通常棲息在乾淨的河流中。■蜉蝣目
■10mm（河花蜉《*Potamanthus formosus*》）
■北海道～沖繩 ■大量產生

無數的蜉蝣
覆蓋了整個地面！

Q 為什麼會大量爆發？

A 大量發生的原因其實不詳，而且眾說紛紜。有人說是蜉蝣棲息地的氣溫及食物的量造成的，但未得到闡明。

三角虻（*Tabanus trigonus*）
會吸食牛或豬等家畜的血，也會咬人、吸人血。無毒，但被咬時會疼痛。■食蚜蠅科
■17～25mm ■北海道～沖繩 ■吸血

全溝血蜱 📷🔍
蜱（壁蝨）的同類會為了成長而吸食其他動物的血。至於全溝血蜱則是吸食人類及鳥類的血液。已知會傳播一種名為「萊姆病」的傳染病。■硬蜱科 ■3.5mm（雌蜱）■北海道～九州、中國、東歐 ■吸血

◀吸血前(右)和吸血後(左)的全溝血蜱。

鑽進體內吸血！

◀用鋸齒狀的嘴巴咬開皮膚後吸血。

熱帶鼠蟎 📷
主要吸食黑鼠的血為生。也會吸食人血，被咬時會伴隨劇烈搔癢。經常咬傷大腿內側等皮膚較薄而且柔軟的部位。■巨刺蟎科 ■0.7mm ■世界各地 ■吸血

會緊貼在人體皮膚上吸血。最長可持續吸血10天。

偶爾大量爆發的地方會立
告示牌，提醒大家注意。

聚集在橋上的馬陸。過去曾經大量聚集在鐵軌上導致列車停駛。

Q 為什麼會危險？

A 道路會變滑。蜉蝣通常在河川及水邊羽化，但是成蟲會被光線所吸引，所以才聚集在設有燈光的橋樑和道路上。當大量的蜉蝣聚集在路上時，車子整個輾過去的話會變得非常溼滑。

帶馬陸目生物（*Parafontaria laminata armigera*）
每8年就會大量出現的一種馬陸。過去曾經發生火車因輾過鐵軌上的大量馬陸，結果打滑停駛，因此日文名音譯為「火車馬陸」。●帶馬陸目 ○35mm □日本中部地區 ●大量爆發

貓蚤
主要寄生在家貓身上吸血，亦會跳到狗或人類身上吸血。被螫時搔癢無比。●蚤科 ●2～3mm ●全世界 □吸血

恙蟎
主要寄生在老鼠身上，也會吸食人類的體液。身上的微生物可能導致恙蟲病，應該是在吸食體液時傳染。●恙蟲科 ●0.2mm ●全日本 □吸血

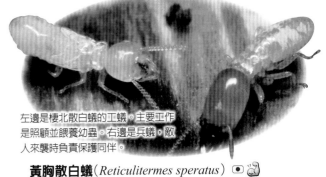

左邊是棲北散白蟻的工蟻。主要工作是照顧並餵養幼蟲。右邊是兵蟻，敵人來襲時負責保護同伴。

黃胸散白蟻（*Reticulitermes speratus*）
對人類來說，這是一種會啃食木造建築的可怕害蟲。通常以數十萬隻的龐大數量群聚在潮溼木材中。●鼻白蟻科 ●4～6mm（兵蟻）●北海道南部～九州、琉球群島 ●食害

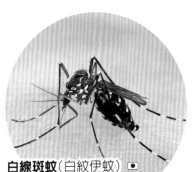

白線斑蚊（白紋伊蚊）
帶有黑白條紋的蚊子，一般稱為斑蚊。白天主要在雜樹林及墓地中活動。會傳染登革熱等疾病。●蚊科 ●4.5mm ●本州、四國、九州、沖繩／東南亞 □吸血

日本山蛭（*Haemadipsa zeylanica japonica*）
棲息在山中的潮溼地帶。當人類或動物經過時會伸展身體附著在上，以便吸血。據說可以吸取超過自身重量10倍的血液。●山蛭科 ●40mm ●本州、四國、九州 □吸血

柱子因被白蟻蛀食而搖搖欲墜。

可怕的病原體

進入人體之後會引起疾病的病毒、細菌和寄生蟲稱為「病原體」。而由病原體導致的疾病就稱為「傳染病」。世界上充滿了可怕的病原體，其中有一些甚至會引起危及生命的傳染病。就讓我們先來看看其中一部分吧。

Q 所有病毒和細菌都很危險嗎？

A 病毒和細菌乍聽之下固然可怕，但在我們平常生活中，身邊原本就環繞著無數的病毒和細菌等微生物，而且絕大多數都對人類無害，只有一部分是會引起危險傳染病的病原體。這些傳染病的症狀大多是發燒、腹瀉和咳嗽，有些病原體則是會引起皮膚變色、內出血以及全身癱瘓。

寄生蟲

⚠ 寄生於肝臟，侵蝕身體的
包生條蟲（包蟲屬條蟲）
原本寄生在狐狸身上、但會跑到人體上的條蟲。仔蟲會寄生於肝臟，引起胞蟲症，讓肝功能因為遭到破壞而性命危急。

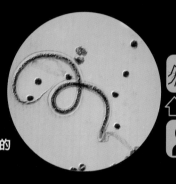

⚠ 會引起象皮病的
血絲蟲
絲蟲的一種，會藉由蚊子進入人體內，並寄生於淋巴結，導致一種名為象皮病的疾病。罹患這種病的人手腳皮膚會變硬、腫脹，看起來和大象的皮膚一樣。

▲罹患象皮病的患者腳部。

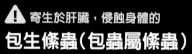

細菌

炭疽桿菌 ⚠ 可怕的生物戰
主要由帶有炭疽桿菌的牛和山羊引起的傳染病，會導致皮膚型炭疽及吸入型炭疽。有時會當作生物武器來使用，例如2001年美國就曾經發生有人將含有炭疽桿菌的包裹寄給電視局及出版社，結果導致5人死於吸入型炭疽。

⚠ 生物界最強的毒素
肉毒桿菌
肉毒桿菌若是混入瓶裝或罐裝食物裡極有可能會產生毒素，導致食物中毒。肉毒桿菌的毒素在生物界中，毒性強到僅僅500公克就可以殺死全世界的人類。

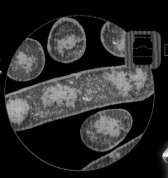

▼黑死病（鼠疫）患者的手。得到這種病的人皮膚會變黑並死亡，因而成為人人聞之喪膽的「黑死病」。

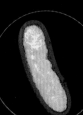

鼠疫桿菌 ⚠ 原本為老鼠的傳染病
帶有鼠疫桿菌的老鼠和跳蚤傳播的疾病，會導致淋巴結腫大、發燒、頭痛、皮膚出血，若不及時治療，死亡機率非常大。中世紀的歐洲爆發瘟疫時，有2000萬到3000萬人因為黑死病而死亡。

病　毒

⚠ 接二連三傳染給人類的
伊波拉病毒

會導致伊波拉出血熱，部分地區的死亡率甚至高達90%。會出現頭痛、發燒和肌肉痠痛等症狀，隨後是腹瀉及吐血。2014年曾在西非爆發瘟疫，截至2016年3月為止已經奪走一萬多人的性命。

⚠ 死亡率接近100%
狂犬病病毒

主要由帶有狂犬病病毒的狗傳播的疾病，症狀有畏風、恐水，最後是呼吸麻痺。發病之後的死亡率幾乎是100%，但可以藉由接種疫苗來預防。

伊波拉病毒構造多樣，有時呈條狀，有時呈球狀，據推測應該是受到感染的猴子和蝙蝠死骸將這種病毒傳播到人類社會。人傳人則是因為直接接觸感染者的血液或體液而發生的。左圖為負責埋葬伊波拉出血熱犧牲者的團隊。為了避免感染，進行遺體消毒必須身穿防護衣。

對抗感染症

有種傳染病人類已經成功撲滅，那就是由天花病毒引起的天花。這種傳染病傳染力強、致死率高，自古便讓人聞之喪膽。不過 18 世紀末疫苗的發明讓人類得以預防感染，患者人數慢慢減少，到了 1980 年已不再出現天花病例。如今自然界已經不見天花病毒，僅有兩個實驗室保存樣本，一個在美國，一個在俄羅斯。

⚠ 重症的話會全身出血
克里米亞──剛果出血熱病毒

克里米亞──剛果出血熱是蜱蟲吸食到帶有病毒的動物（如野兔）血液，因而傳染給其他動物的疾病，主要出現在非洲、東歐和中亞等地區。病情嚴重的話會全身出血。據說死亡率約為15%至40%。

▲一旦得到天花，除了突然發燒和頭痛，緊接著出現的症狀就是和照片中一樣的腫塊。毒性較強的天花病毒死亡率可達20～50%。世界各地都有天花流行的記錄，據說1770年在印度流行時死亡人數高達300萬。

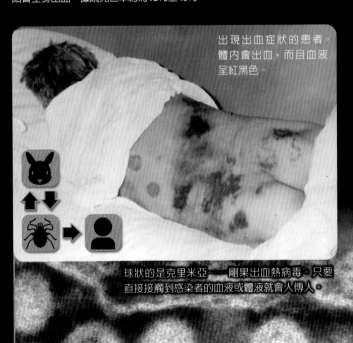

出現出血症狀的患者。體內會出血，而且血液呈紅黑色。

球狀的是克里米亞──剛果出血熱病毒。只要直接接觸到感染者的血液或體液就會人傳人。

病原體的祕密

Q 細菌和病毒有什麼差別？

A 細菌和病毒不管是大小還是構造，各方面都有所不同。最大的差異，莫過於繁殖方法。細菌可以從周圍環境吸收營養，自行繁殖，但是病毒一定要進入人體或動物的細胞中才能生長。例如細菌可以在潮溼的抹布中繁殖生長，但若是病毒，就會隨著時間流逝而分解。

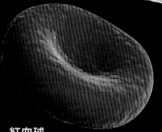

頭髮
（粗100μm=0.01cm）

紅血球
（直徑8μm=0.0008cm）

冠狀病毒
（直徑100nm=0.00001cm）

大腸桿菌
（長度4μm=0.0004cm）

Q 什麼是全球大流行？

A 傳染病跨越國界，同時傳播到多個國家或大陸，並且分成好幾個階段傳播開來。首先是發生在特定地方流行的「爆發」，當蔓延到更加廣泛的地區時，便稱為「流行病」；如果跨越到某個國家或大陸地區，就稱為「全球大流行」。縱觀歷史，其實已經有許多病原體在世界各地流傳開來。

爆發　　流行病　　全球大流行

新型冠狀病毒（21世紀）

發生地區：不明
流行地區：全世界
死亡人數：約310萬人
（截至2021年4月為止）

2020年1月中國發現了一種新型冠狀病毒，並迅速在全球傳播開來。為了防止疫情擴大，世界各地的城市和機場相繼封鎖，甚至禁止市民外出，是自西班牙流感以來的全球性流行病。

天花（8世紀）

發生地區：不明
流行地區：日本
死亡人數：估計約100萬人

目前尚不清楚天花的起源地，但在大約3200年前埃及國王拉美西斯五世的木乃伊中，卻發現他有感染天花的痕跡。至於日本則是在與大陸貿易活躍的6世紀左右傳來，並在737年造成瘟疫。

黑死病（鼠疫，14世紀）

發生地區：中亞
流行地區：歐洲
死亡人數：估計約2000萬人

黑死病在歷史上曾經流行過數次，最著名的是發生在14世紀的第二次瘟疫。當時正向西擴大領土的蒙古軍因為大規模遷徙，結果將發生在中亞地區的鼠疫桿菌帶到歐洲去。

霍亂（19世紀）

發生地區：印度
流行地區：全世界
死亡人數：估計約3000萬人

霍亂是以霍亂弧菌為病原體的傳染病。發作時會嚴重腹瀉、脫水，最後死亡。最初是印度的地方疾病，但因交通運輸的進步和經濟活動的全球化，結果在20年間流傳到全世界。

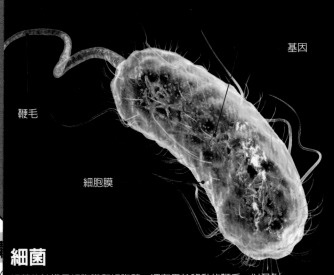

基因

鞭毛

細胞膜

細菌

細菌的結構是細胞膜和細胞壁，還有用於移動的鞭毛，以及附著在人體細胞時會用到的線毛。部分細菌感染時之所以會讓人生病，原因在於當牠們在體內繁殖時，排出的毒素危害了人體而造成。

基因

病毒外套膜

棘蛋白

病毒

上圖是病毒的剖面圖。其結構非常簡單，就只有一個病毒外套膜。而名為棘蛋白的突起結構會在進入人類和動物細胞時發揮作用。病毒一旦侵入細胞，就會利用該細胞的蛋白質來進行繁殖，而被病毒入侵的細胞會遭到破壞。被破壞的細胞只要增加，就會出現感染症狀。

※有些病毒沒有病毒外套膜。

西班牙流感（或稱「1918年流感大流行」，20世紀）

發生地區：美國
流行地區：全世界
死亡人數：估計約4000萬人

1918～1920年因為流感病毒而引起的大流行。第一次世界大戰期間，該病毒隨同美軍被帶到歐洲，結果傳播到世界各地。遭受波及的日本也有45萬人因被感染而死亡。

天花（16世紀）

發生地區：不明
流行地區：中美洲
死亡人數：估計約500萬人

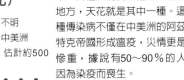

自15世紀發現新大陸美洲以來，各種疾病便相繼傳入這個地方，天花就是其中一種。這種傳染病不僅在中美洲的阿茲特克帝國形成瘟疫，災情更是慘重，據說有50～90%的人因為染疫而喪生。

Q 新型冠狀病毒為什麼會在全球傳播開來？

A 首先要說的是，新型冠狀病毒傳染力非常強，而且就算感染也不一定會出現症狀。即便有，也頂多是咳嗽或發燒，症狀相當輕微，這也是感染擴大的原因之一。要是沒有察覺到自己已被感染，繼續照常生活，就會不知不覺把病毒感染給他人。另外，新型冠狀病毒是一種未知病毒，大部分的人都沒有免疫力，所以任何人都可能被感染，何況剛流行時還沒有疫苗可施打。新型冠狀病毒的上述特徵，再加上許多人搭乘飛機往返世界各地，使得這種病毒因為現代社會的環境因素而造成全球大流行。

冠狀病毒

病毒表面的突起構造宛如太陽最外層的大氣層「日冕」，因而以此為名。到目前為止已經發現了不少冠狀病毒，當中有六種可以讓人類感染。

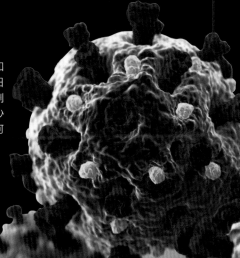

索引

【監修】
小宮輝之(元・上野動物園園長)

【執筆】
柴田佳秀

【挿図】
小川原可菜、遠藤亜美(オフィス303)

【繪図】
上村一樹(30-31、74-75)
橋爪義弘(封面、14-15、34-35、54-55、116-117、144-145、164-165)
箕輪義隆(138)
Raúl Martín(45)

【本文設計】
天野広和、大類菜央
(株式会社ダイアートプランニング)

【照片】
特別協力:アマナイメージズ、アフロ、Getty Images、シーピックスジャパン、e-Photography、PPS通信社

朝日新聞社:131/朝日新聞社/Getty Images:107/時事通信フォト:70-71/柴田佳秀:185/玉木宏幸/日本臨床皮膚科医会:143/長山 靖:187/マイランEPD合同会社:193/読売新聞/アフロ:101/ロイター/アフロ:170/ Caters News/アフロ:封底/ Dino & Dario Ferrari of Team Sportex Italy:151/ Erich G. Vallery, USDA Forest Service - SRS-45 52, Bugwood.org:70/ Hugh Chittenden:160-161/ Jessica A.Maisano/The University of Texas at Austin:21/ J.R. Baker & S.B. Bambara, North Carolina State University,Bugwood.org:70/ Kike Arnal:158-159/ kvf/Newsflare:105/ Micah Maziar:173/ NHK:封面裡(デンキウナギGetty Images)/NPO法人森の国ネット:186-187/ PIXTA:115、127/ Roy Caldwell:108-109/ Show Low, AZ:172/ Solent News/アフロ:封底裡 / Suzi Eszterhas/Minden Pictures/アマナイメージズ:91/ U.S. Air Force/ロイター/アフロ:172

國家圖書館出版品預行編目（CIP）資料

危險生物百科圖鑑/小宮輝之監修；何姵儀翻譯. -- 初版.
-- 臺中市：晨星出版有限公司, 2023.02
面；　公分
譯自：講談社の動く図鑑 MOVE 危險生物

ISBN 978-626-320-290-0(精裝)

1.CST: 動物圖鑑

385.9　　　　　　　　　　　　　　　111017673

詳填晨星線上回函
50 元購書優惠券立即送
（限晨星網路書店使用）

危險生物百科圖鑑
講談社の動く図鑑 MOVE 危險生物

監修	小宮輝之
翻譯	何姵儀
主編	徐惠雅
執行主編	許裕苗
版面編排	許裕偉

創辦人	陳銘民
發行所	晨星出版有限公司
	台中市 407 工業區三十路 1 號
	TEL：04-23595820　FAX：04-23550581
	E-mail：service@morningstar.com.tw
	http://www.morningstar.com.tw
	行政院新聞局局版台業字第 2500 號
法律顧問	陳思成律師
初版	西元 2023 年 2 月 6 日
讀者專線	TEL：（02）23672044 /（04）23595819#212
	FAX：（02）23635741 /（04）23595493
	E-mail：service@morningstar.com.tw
網路書店	http://www.morningstar.com.tw
郵政劃撥	15060393（知己圖書股份有限公司）
印刷	上好印刷股份有限公司

定價 999 元

ISBN　978-626-320-290-0　（精裝）

（如有缺頁或破損，請寄回更換）